# 數 ≒ 學 = (女 × 孩)

## 秘密筆記 矩陣篇

数学
ガールの
秘密ノート
————
行列が描くもの

前師範大學數學系教授兼主任
日本數學會出版貢獻獎得主

衛宮紘 譯　　洪萬生 審訂　　結城浩 著

# 給讀者

　　本書記錄了由梨、蒂蒂、麗莎、米爾迦與「我」，展開的數學雜談。

　　請仔細傾聽她們的一字一句。即使不明白她們在討論些什麼，或者不瞭解算式的意義，不妨先擱著這些疑問，繼續閱讀下去。

　　如此一來，您將在不知不覺中成為數學雜談的一員。

# 登場人物介紹

「我」

　　高中生，本書的敘述者。

　　喜歡數學，尤其是數學公式。

由梨

　　國中生，「我」的表妹。

　　綁著栗色馬尾，喜歡邏輯。

蒂蒂

　　全名為蒂德拉，「我」的學妹。高中生，充滿活力的「元氣少女」。

　　短髮，閃亮亮的大眼是一大魅力。

麗莎

　　「我」的學妹。沉默的「電腦少女」。

　　有著一頭紅髮的高中生。

米爾迦

　　高中生，「我」的同班同學，對數學總是能侃侃而談的「數學才女」。

　　黑色長髮，戴著金屬框眼鏡。

C O N T E N T S

# 序章

看看天空。
看看廣闊天空中的雲朵。
看看雲朵所描繪的天空。

看看天空。
看看廣闊天空中的星星。
看看星星所點亮的天空。

捉住雲朵。
撒落繁星。
用雲朵與繁星——描繪整個天空。

第 1 章

# 創造出零

「零就是什麼都沒有的意思嗎？」

## 1.1　零是什麼？

由梨：「哥哥，零是什麼呢？」

我：「怎麼突然這麼問呢？」

　　我是高中生，這裡是我的房間。

　　由梨是國中生，我的表妹。

　　由梨住在附近，常來找我玩。

　　雖然我不是由梨的親哥哥，不過從小到大，她都是稱呼我為「哥哥」。

由梨：「別管那麼多啦！快回答我，零到底是什麼呢？」

我：「0 是一個數啊。」

由梨：「我知道 0 是一個數啊，可是 1 和 2 也是數啊？那 0 這個數又有什麼特別的呢？」

我：「0 有什麼特別的啊——嗯，

　　　　　　任何數加上 0，值都不會改變。

　　這種解釋可以嗎？」

由梨：「值都不會改變？」

我：「舉例來說，123 這個數加上 0 之後，值還是 123，沒有改變。也就是說……」

$$123 + 0 = 123$$

由梨：「是啊，123 加上 0 之後還是 123。」

我：「當然，不只 123 會這樣，譬如說，

$$12345 + 0 = 12345$$
$$100 + 0 = 100$$
$$3.14 + 0 = 3.14$$
$$999 + 0 = 999$$
$$-3 + 0 = -3$$
$$0 + 0 = 0$$

不管是哪個數都一樣。如果用 $a$ 這個字母來表示某個數，那麼下面這個等式會成立

$$a + 0 = a$$

換言之，對於任何數 $a$，$a + 0$ 皆與 $a$ 相等。0 就是這樣的數，有這種性質的數也只有 0。」

由梨：「嗯……還有沒有更詳細的說明呢？」

我：「更詳細的說明？這樣的性質可以嗎？

**任何數乘上 0，值都會變成 0。**

舉例來說，123 這個數乘上 0 之後，值就會變成 0。也就是說，

$$123 \times 0 = 0$$

對於任何數 $a$，下面這個等式會成立

$$a \times 0 = 0$$

0 就是這樣的數，有這種性質的數也只有 0。」

由梨：「哦！就是這個！」

我：「咦？怎麼突然那麼激動？」

由梨：「我想聽更多有關『$a$ 和 $b$ 相乘後會等於 0』的說明！」

我：「可以啊。$a$ 和 $b$ 相乘會寫成 $ab$，這個妳知道吧？」

由梨：「知道。」

我：「所以，當

$$ab = 0$$

成立，$a$ 和 $b$ 中至少有一個是 0。」

由梨：「可能 $a$ 是 0，也可能 $b$ 是 0。」

我：「也可能 $a$ 和 $b$ 兩個都是零。」

由梨：「沒錯。」

我：「當 $a = 0$ 和 $b = 0$ 這兩個等式至少有一個成立時，會寫成：

$$a = 0 \text{ 或 } b = 0$$

若 $ab = 0$，則 $a = 0$ 或 $b = 0$ 成立。這段敘述可以寫成：

$$ab = 0 \Rightarrow a = 0 \text{ 或 } b = 0$$

**反過來說**，若 $a = 0$ 或 $b = 0$，則 $ab = 0$ 成立。這段敘述可以寫成：

$$ab = 0 \Leftarrow a = 0 \text{ 或 } b = 0$$

兩邊合起來便可得到如下。」

$$ab = 0 \Leftrightarrow a = 0 \text{ 或 } b = 0$$

由梨：「這兩個是同一件事吧？」

我：「是啊。

$$ab = 0$$

成立，與

$$a = 0 \text{ 或 } b = 0$$

成立，這兩件事在邏輯上是同一件事，故兩者**等價**。」

由梨：「那哥哥，會不會發生『$ab = 0$，但 $a$ 和 $b$ 兩邊都不是 0』這樣的情況呢？」

我：「不會喔。$a$ 和 $b$ 至少要有一個是 0 才行。」

由梨：「說的也是！嗯……」

我：「在喃喃自語什麼？$ab = 0$ 與 $a = 0$ 或 $b = 0$ 等價，這是很重要的事喔。」

由梨：「有那麼重要嗎？」

我：「是啊。比方說我們解二次方程式的時候就會用到喔。」

由梨：「真的嗎！」

我：「舉例來說，

$$x^2 - 5x + 6 = 0$$

我們在解這個方程式的時候，會將 $x^2 - 5x + 6$ 化成 $(x - 2)(x - 3)$ 的形式，也就是所謂的因式分解。」

$$x^2 - 5x + 6 = 0 \quad \text{待解的二次方程式}$$
$$(x - 2)(x - 3) = 0 \quad \text{因式分解後的樣子}$$

由梨：「是啊，要因式分解成這樣。」

我：「因式分解是將數學式化為相乘的形式，也就是化為『積的形式』。這個例子中，就是將原式化為 $x - 2$ 與 $x - 3$ 這兩個式子的積。至於為什麼要化為『積的形式』？這是因為要用到

$$ab = 0 \quad \Longleftrightarrow \quad a = 0 \text{ 或 } b = 0$$

這個等價關係。

$$\underbrace{(x - 2)}_{a}\underbrace{(x - 3)}_{b} = 0 \quad \Longleftrightarrow \quad \underbrace{x - 2}_{a} = 0 \text{ 或 } \underbrace{x - 3}_{b} = 0$$

⋯⋯這樣就解出答案了。」

由梨：「2 或 3。」

我：「是啊。二次方程式 $x^2 - 5x + 6 = 0$ 的解是 $x = 2$ 或

$x = 3$。在解二次方程式的時候，比起 $x^2 - 5x + 6$ 這種『和的形式』，$(x - 2)(x - 3)$ 這種『積的形式』比較容易看出解是多少。所以，像 $ab = 0$ 這種『積的形式』等於 0 的等式相當重要。」

由梨：「是沒錯啦⋯⋯這樣果然還是有點怪。」

我：「由梨從剛才開始好像就一直有話要說，是想說什麼呢？」

---

## 1.2 不可思議的數

由梨：「其實是這樣⋯⋯前陣子學校有個朋友跟我說了一件很奇怪的事。」

我：「男朋友？」

由梨：「不是啦！⋯⋯就是啊，這種『不可思議的數』真的存在嗎？」

> 「不可思議的數」
>
> $AB$ 等於零，但 $A$ 和 $B$ 都不是零。

我：「積是零，但兩者都不是零嗎⋯⋯」

由梨：「我都跟他說沒有這種數了，他卻回我創造出來就有了。數是可以創造出來的嗎？」

我：「啊，原來是這麼回事嗎？我們平常用的數字中，當然不存在這種『不可思議的數』。不過，我們確實可以創造出擁有這種『不可思議的數』性質的東西喔。譬如說，如果把『**矩陣**』納入考慮，就可以創造出這種『不可思議的數』了。」

由梨：「矩陣？」

我：「數學領域中有一種東西叫做矩陣，這是一種『類似數的東西』。矩陣可以做加法、乘法──可以像數字那樣計算。」

由梨：「可以計算的矩陣……」

我：「而且在矩陣中，確實會出現『$AB$ 等於零，但 $A$ 和 $B$ 皆不等於零』的情況喔。」

由梨：「類似數，卻又不是數。我聽不太懂是什麼意思耶。」

我：「矩陣雖然和數類似，卻有許多地方和我們平常看到的數字不同。這就是數學家們創造出來的矩陣。」

由梨：「創造出很像數字的矩陣……這是什麼意思呢？」

我：「矩陣是什麼？矩陣之間的加法怎麼算？乘法怎麼算？這些都要透過**定義**來決定，就像是創造出來的一樣。」

由梨：「好複雜喔，聽起來好難。」

我：「一點都不難喔。如果知道怎麼計算矩陣，就能做到更多有趣的事囉！比方說，我們可以用矩陣來**旋轉星空**。」

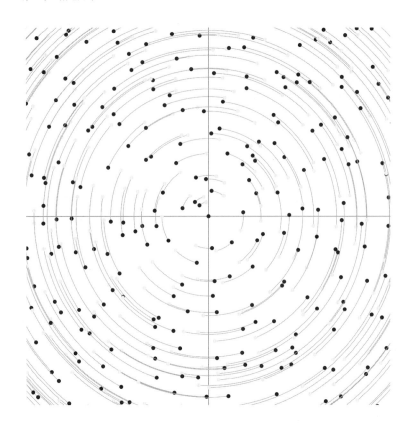

由梨：「旋轉星空……我們不是在講數學嗎？」

我：「讓我們照著順序一步步看下去吧。」

由梨：「快講快講！」

---

## 1.3　矩陣

我：「首先，讓我們來看一個簡單的矩陣例子。像這樣把數字
　　排在一起，就是所謂的矩陣。」

矩陣的例子

$$\begin{pmatrix} 1 & 2 \\ 3 & 4 \end{pmatrix}$$

由梨：「1、2、3、4。」

我：「沒錯。這裡寫的是 1、2、3、4，不過其實妳想寫什麼數都可以。只要把數排成這個樣子，外面再用一個括弧框起來，就是一個矩陣了。」

由梨：「這樣啊——」

我：「這個矩陣 $\begin{pmatrix} 1 & 2 \\ 3 & 4 \end{pmatrix}$ 有兩個列。$1\,2$ 是第 1 列，$_3\,_4$ 是第 2 列。」

第 1 列 ——$\begin{pmatrix} 1 & 2 \\ 3 & 4 \end{pmatrix}$——
第 2 列 ——

由梨：「哦——」

我：「另一方面，這個矩陣有兩個行。$\frac{1}{3}$ 是第 1 行——」

由梨：「$\frac{2}{4}$ 是第 2 行。」

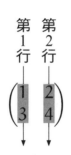

我：「沒錯。這個矩陣有兩個列、兩個行，是一個 2×2 矩陣。妳看，一點都不難吧？」

由梨：「雖然不難，但是也不有趣。」

我：「矩陣也不一定會是 $\begin{pmatrix} 1 & 2 \\ 3 & 4 \end{pmatrix}$。就算把 1、2、3、4 換成其它數字，一樣是 2×2 矩陣喔。就像這樣。」

2×2 矩陣的例子

$$\begin{pmatrix} 1 & 2 \\ 3 & 4 \end{pmatrix} \qquad \begin{pmatrix} 3 & 1 \\ 4 & 1 \end{pmatrix} \qquad \begin{pmatrix} 10 & 21 \\ \frac{1}{2} & -4.25 \end{pmatrix}$$

由梨：「這樣啊……」

我：「剛才寫的矩陣都是 2×2 矩陣。不過在一般情形下，矩陣要有幾列、有幾行都行。」

由梨：「像是 3×3 矩陣嗎？」

我：「沒錯，列和行的個數不一樣也可以喔。」

各種矩陣範例

$2 \times 2$ 矩陣 $\begin{pmatrix} 1 & 2 \\ 3 & 4 \end{pmatrix}$ $\begin{pmatrix} 3 & -4 \\ 0 & 1 \end{pmatrix}$ $\begin{pmatrix} 2.2 & \sqrt{2} \\ -\pi & \frac{1}{2} \end{pmatrix}$

$3 \times 3$ 矩陣 $\begin{pmatrix} 1 & 2 & 3 \\ 4 & 5 & 6 \\ 7 & 8 & 9 \end{pmatrix}$ $\begin{pmatrix} 0 & 3 & 7 \\ -1 & 5 & 0 \\ 4 & 1.3 & 100 \end{pmatrix}$

$2 \times 4$ 矩陣 $\begin{pmatrix} 1 & 2 & 3 & 4 \\ 5 & 6 & 7 & 8 \end{pmatrix}$ $\begin{pmatrix} 1 & 5 & 9 & 2 \\ 6 & 5 & 3 & 5 \end{pmatrix}$

$4 \times 2$ 矩陣 $\begin{pmatrix} 1 & 2 \\ 3 & 4 \\ 5 & 6 \\ 7 & 8 \end{pmatrix}$ $\begin{pmatrix} 2 & 3 \\ 3 & 4 \\ 8 & 5 \\ 4 & 2 \end{pmatrix}$ $\begin{pmatrix} 1 & 8 \\ 7 & 9 \\ 1 & 2 \\ 4 & 2 \end{pmatrix}$

$1 \times 2$ 矩陣 $\begin{pmatrix} 1 & 2 \end{pmatrix}$ $\begin{pmatrix} 3 & -4 \end{pmatrix}$ $\begin{pmatrix} 2.2 & \sqrt{2} \end{pmatrix}$

$2 \times 1$ 矩陣 $\begin{pmatrix} 1 \\ 2 \end{pmatrix}$ $\begin{pmatrix} 3 \\ 0 \end{pmatrix}$ $\begin{pmatrix} 2.2 \\ -\pi \end{pmatrix}$

$1 \times 1$ 矩陣 $\begin{pmatrix} 1 \end{pmatrix}$

由梨：「嗯嗯。」

我：「像是 $2 \times 2$ 矩陣、$3 \times 3$ 矩陣這種列數與行數相同的矩陣，又叫做方陣。」

方陣範例

$$\begin{pmatrix} 1 & 2 \\ 3 & 4 \end{pmatrix} \qquad \begin{pmatrix} 1 & 2 & 3 \\ 4 & 5 & 6 \\ 7 & 8 & 9 \end{pmatrix} \qquad \begin{pmatrix} 1 & 2 & 3 & 4 \\ 5 & 6 & 7 & 8 \\ 9 & 10 & 11 & 12 \\ 13 & 14 & 15 & 16 \end{pmatrix}$$

二階方陣　　　三階方陣　　　　四階方陣

由梨：「喔……因為看起來像正方形嗎？」

我：「二階方陣——也就是 2×2 矩陣的定義如下。」

2×2 矩陣

設 $a, b, c, d$ 為數。此時，

$$\begin{pmatrix} a & b \\ c & d \end{pmatrix}$$

為 2×2 矩陣。

由梨：「嗯……」

我：「將其一般化，可以定義 $m \times n$ 矩陣如下。」

---

$m \times n$ 矩陣

- 設 $m$ 與 $n$ 為正整數。
- 設 $j = 1, 2, \cdots, m$。
- 設 $k = 1, 2, \cdots, n$。
- 設任意 $a_{jk}$ 皆為一個數。

此時，

$$\begin{pmatrix} a_{11} & a_{12} & \cdots & a_{1n} \\ a_{21} & a_{22} & \cdots & a_{2n} \\ \vdots & \vdots & \ddots & \vdots \\ a_{m1} & a_{m2} & \cdots & a_{mn} \end{pmatrix}$$

是一個 $m \times n$ 矩陣。

---

由梨：「嗯嗯，$a_{jk}$ 是什麼？」

我：「嗯，為了用一般化的形式寫出矩陣中的數，故需用到 $j$ 與 $k$ 等字母。$a_{jk}$ 中的 $jk$ 並不是指 $j$ 與 $k$ 的乘積，而是

第 $j$ 列第 $k$ 行

的意思。也就是說，$a_{jk}$ 指的是位於第 $j$ 列第 $k$ 行的數。」

由梨：「什麼是列，什麼是行呢？」

我：「列指的是橫向排列的數字，行則是縱向排列的數字。」

$$列 \Longrightarrow 行$$
$$\Downarrow$$

由梨：「哦——！」

我：「第 $j$ 列指的是從上往下算起的第 $j$ 個橫列，第 $k$ 行則是指從左往右算起的第 $k$ 個縱行。而第 $j$ 列第 $k$ 行的數就會寫做 $a_{jk}$。」

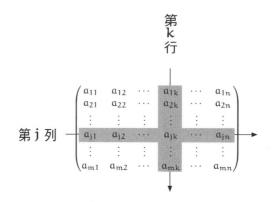

由梨：「所以，矩陣就是把數排列成表嗎？」

我：「是啊。2×2 矩陣一般會寫成這樣，

$$\begin{pmatrix} a & b \\ c & d \end{pmatrix}$$

也可以寫成這樣，

$$\begin{pmatrix} a_{11} & a_{12} \\ a_{21} & a_{22} \end{pmatrix}$$

——妳看，一點都不難對吧？」

由梨：「雖然不難，但還是不怎麼有趣。」

我：「再進階一點的內容就會比較有趣囉。」

由梨：「如果是這樣就好囉喵。」

　　由梨雙手抱胸說著貓語。

---

## 1.4　矩陣的和

我：「因為矩陣和數很像，所以也可以試著進行矩陣之間的計算。讓我們試著思考一下兩個 $2 \times 2$ 矩陣的和吧，也就是矩陣的加法。」

由梨：「矩陣的加法啊。」

我：「兩個矩陣 $\begin{pmatrix} 1 & 2 \\ 3 & 4 \end{pmatrix}$ 與 $\begin{pmatrix} 20 & 5 \\ 0 & 3 \end{pmatrix}$ 的和可以寫成這樣。」

$$\begin{pmatrix} 1 & 2 \\ 3 & 4 \end{pmatrix} + \begin{pmatrix} 20 & 5 \\ 0 & 3 \end{pmatrix} = \begin{pmatrix} 1+20 & 2+5 \\ 3+0 & 4+3 \end{pmatrix}$$

由梨：「為什麼數學家知道應該要這樣算呢？」

我：「啊，不對不對。不是我們知道矩陣的和應該要這樣算，而是我們規定矩陣的和就是這樣算。我們創造出矩陣這種東西，然後用這種方式定義矩陣的和，就是這麼回事。」

由梨:「定義啊⋯⋯」

我:「嗯。剛才是拿具體的矩陣來說明矩陣的和,而矩陣和的一般化定義如下。」

---

**矩陣的和**

兩個矩陣 $\begin{pmatrix} a_{11} & a_{12} \\ a_{21} & a_{22} \end{pmatrix}$、$\begin{pmatrix} b_{11} & b_{12} \\ b_{21} & b_{22} \end{pmatrix}$ 的和定義如下。

$$\begin{pmatrix} a_{11} & a_{12} \\ a_{21} & a_{22} \end{pmatrix} + \begin{pmatrix} b_{11} & b_{12} \\ b_{21} & b_{22} \end{pmatrix} = \begin{pmatrix} a_{11} + b_{11} & a_{12} + b_{12} \\ a_{21} + b_{21} & a_{22} + b_{22} \end{pmatrix}$$

---

由梨:「⋯⋯」

我:「妳看,這樣就定義出來了吧?」

由梨:「就算你說『妳看』,我還是聽不懂啦!如果只看式子還是不曉得在幹嘛——」

我:「因為由梨會清楚表達出『聽不懂!』,所以說明起來反而比較容易。首先,假設 $a_{11}$、$a_{12}$、$a_{21}$、$a_{22}$ 以及 $b_{11}$、$b_{12}$、$b_{21}$、$b_{22}$ 都是數。那麼,以下這兩個東西都是矩陣對吧?」

$$\begin{pmatrix} a_{11} & a_{12} \\ a_{21} & a_{22} \end{pmatrix} \quad \begin{pmatrix} b_{11} & b_{12} \\ b_{21} & b_{22} \end{pmatrix}$$

由梨:「是啊,因為是排列好的數。」

我:「接下來我們想要定義『矩陣的和』。也就是說,我們要規定以下式子是什麼意思。」

$$\begin{pmatrix} a_{11} & a_{12} \\ a_{21} & a_{22} \end{pmatrix} + \begin{pmatrix} b_{11} & b_{12} \\ b_{21} & b_{22} \end{pmatrix}$$

由梨：「表示什麼意思……不就是加起來的意思嗎？」

我：「是啊，因為矩陣和矩陣之間有加號（＋），所以一看就知道是想要把兩個矩陣加起來。可是光是這樣，我們還是不曉得矩陣之間的加法實際上該如何計算。所以我們要規定計算方法，也就是要定義矩陣的加法。」

由梨：「哦哦──」

我：「於是我們用『數的和』來定義『矩陣的和』──這就是剛才寫的式子。」

$$\begin{pmatrix} a_{11} & a_{12} \\ a_{21} & a_{22} \end{pmatrix} + \begin{pmatrix} b_{11} & b_{12} \\ b_{21} & b_{22} \end{pmatrix} = \begin{pmatrix} a_{11} + b_{11} & a_{12} + b_{12} \\ a_{21} + b_{21} & a_{22} + b_{22} \end{pmatrix}$$

由梨：「規定就是這樣。是這個意思嗎？」

我：「沒錯。讓我們試著實際計算看看矩陣的和吧。」

問題 1-1（矩陣的和）

試求以下矩陣的和。

$$\begin{pmatrix} 10 & 20 \\ 30 & 40 \end{pmatrix} + \begin{pmatrix} 5 & 3 \\ -10 & 0 \end{pmatrix}$$

由梨：「很簡單啊，只要把數字都加起來不就好了嗎？」

我：「是啊，只要把各個**元素**加起來就好。」

由梨：「元素？」

我：「矩陣 $\begin{pmatrix} 10 & 20 \\ 30 & 40 \end{pmatrix}$ 內的數 10、20、30、40 稱做矩陣的元素。」

由梨：「這樣啊。」

我：「那你知道矩陣 $\begin{pmatrix} 5 & 3 \\ -10 & 0 \end{pmatrix}$ 的元素是哪些嗎？」

由梨：「5、3、－10、0。」

我：「沒錯。所以我們也可以說，矩陣和的定義，就是對應元素的和。」

由梨：「簡單來說，就是把元素加起來嘛……」

$$\begin{pmatrix} 10 & 20 \\ 30 & 40 \end{pmatrix} + \begin{pmatrix} 5 & 3 \\ -10 & 0 \end{pmatrix} = \begin{pmatrix} 10+5 & 20+3 \\ 30-10 & 40+0 \end{pmatrix}$$
$$= \begin{pmatrix} 15 & 23 \\ 20 & 40 \end{pmatrix}$$

由梨：「所以矩陣的和就是 $\begin{pmatrix} 15 & 23 \\ 20 & 40 \end{pmatrix}$ 對吧！」

我：「沒錯，正確答案。中間 $30 - 10$ 這個計算過程中，妳心裡想的是 $30 + (-10)$ 對吧？」

由梨：「咦？」

我：「依照矩陣和的定義，這裡應該要計算對應元素的和，所以我們要計算的應該是 30 和－ 10 這兩個元素的和，也就是 $30 + (-10)$ 的和才對，而這個計算結果和 $30 - 10$ 的計算結果相同。」

由梨：「雖然有點複雜，不過是這樣沒錯。」

---

解答 1-1（矩陣的和）

$$\begin{pmatrix} 10 & 20 \\ 30 & 40 \end{pmatrix} + \begin{pmatrix} 5 & 3 \\ -10 & 0 \end{pmatrix} = \begin{pmatrix} 15 & 23 \\ 20 & 40 \end{pmatrix}$$

---

我：「不困難對吧？」

由梨：「雖然不難，但還是不怎麼有趣嘛！」

我：「由梨有注意到式子裡有出現兩種＋嗎？」

由梨：「咦？兩種加號是什麼意思？」

我：「我們剛才用了『數的和』定義什麼是『矩陣的和』。雖然計算矩陣和時所用的＋和一般數學式中的＋長得一樣，但仔細想想，在不同情況下，這兩種＋表示的是不一樣的計算概念對吧。」

---

**兩種加號**

$$\underbrace{\begin{pmatrix} a_{11} & a_{12} \\ a_{21} & a_{22} \end{pmatrix} \boxplus \begin{pmatrix} b_{11} & b_{12} \\ b_{21} & b_{22} \end{pmatrix}}_{\text{這裡的 ⊞ 指的是矩陣的和}} = \underbrace{\begin{pmatrix} a_{11} \boxplus b_{11} & a_{12} \boxplus b_{12} \\ a_{21} \boxplus b_{21} & a_{22} \boxplus b_{22} \end{pmatrix}}_{\text{這裡的 ⊞ 指的是數的和}}$$

---

由梨：「這就有趣了！明明都是加號，意思卻不一樣嗎！？」

我：「很有趣吧。接著讓我們來定義看看『矩陣的差』吧！」

---

## 1.5　矩陣的差

由梨：「我知道！只要相減就可以了吧？」

我：「什麼減什麼呢？」

由梨：「啊，好啦好啦，應該說是元素之間相減。」

我：「是啊，讓我們把矩陣的差，定義成對應元素彼此相減吧。」

由梨：「哥哥似乎很常用『老師般的說話方式』呢！」

我：「什麼是『老師般的說話方式』啊？」

由梨：「要是由梨說錯，哥哥就會故意重新問一次。『什麼減什麼呢？』『是這樣嗎？』『為什麼呢？』之類的。這種說話方式很像老師！所以是『老師般的說話方式』。」

我：「原來如此。不過，真的有那麼像『老師般的說話方式』嗎……總而言之，矩陣的差就是這樣定義的喔！」

矩陣的差

兩個矩陣 $\begin{pmatrix} a_{11} & a_{12} \\ a_{21} & a_{22} \end{pmatrix}$、$\begin{pmatrix} b_{11} & b_{12} \\ b_{21} & b_{22} \end{pmatrix}$ 的差定義如下。

$$\begin{pmatrix} a_{11} & a_{12} \\ a_{21} & a_{22} \end{pmatrix} - \begin{pmatrix} b_{11} & b_{12} \\ b_{21} & b_{22} \end{pmatrix} = \begin{pmatrix} a_{11} - b_{11} & a_{12} - b_{12} \\ a_{21} - b_{21} & a_{22} - b_{22} \end{pmatrix}$$

由梨:「嗯嗯,這也很簡單嘛。啊,這次出現了兩種－號!」

兩種減號

$$\underbrace{\begin{pmatrix} a_{11} & a_{12} \\ a_{21} & a_{22} \end{pmatrix} \blacksquare \begin{pmatrix} b_{11} & b_{12} \\ b_{21} & b_{22} \end{pmatrix}}_{\text{這裡的 } \blacksquare \text{ 指的是矩陣的差}} = \underbrace{\begin{pmatrix} a_{11} \blacksquare b_{11} & a_{12} \blacksquare b_{12} \\ a_{21} \blacksquare b_{21} & a_{22} \blacksquare b_{22} \end{pmatrix}}_{\text{這裡的 } \blacksquare \text{ 指的是數的差}}$$

我:「沒錯!——到這裡,我們就完成準備囉。」

由梨:「準備?」

我:「準備好創造出矩陣中的零。」

由梨:「創造出零?」

## 1.6　創造出零

我：「剛才我們是不是創造出了許多像是數一樣的矩陣呢？我
　　們定義了矩陣、定義矩陣的和、定義矩陣的差。接下來我
　　們想要定義什麼是**零矩陣**！」

由梨：「零矩陣！」

我：「從這裡開始，就讓由梨發揮一下想像力吧！要怎麼定義
　　零矩陣才恰當呢？什麼樣的矩陣才配得上零矩陣這個名字
　　呢？妳覺得零矩陣應該包含哪些元素呢？」

由梨：「零矩陣的元素……全部都是 0 可以嗎？」

我：「妳是說這樣的矩陣嗎？」

$$\begin{pmatrix} 0 & 0 \\ 0 & 0 \end{pmatrix}$$

由梨：「嗯，沒錯。」

我：「為什麼由梨覺得這就是零矩陣呢？」

由梨：「啊──說錯了嗎──！」

我：「咦？」

由梨：「我說錯了對吧？你看，哥你又用『老師般的說話方式』
　　回答我了不是嗎？如果我說得是正確答案，哥哥應該會說
　　『正確答案！由梨真是聰明呢！』才對嘛。」

我：「不不，由梨的想法是對的喔。」

由梨：「咦？是這樣嗎？$\begin{pmatrix} 0 & 0 \\ 0 & 0 \end{pmatrix}$ 是對的嗎？」

我：「是啊。$\begin{pmatrix} 0 & 0 \\ 0 & 0 \end{pmatrix}$ 就是零矩陣。」

---

**零矩陣**

所有的元素都是 0 的矩陣，稱做 0 矩陣。

$$\begin{pmatrix} 0 & 0 \\ 0 & 0 \end{pmatrix}$$

---

由梨：「明明我回答出正確答案了，為什麼還要反問我呢？」

我：「因為想要知道為什麼由梨認為 $\begin{pmatrix} 0 & 0 \\ 0 & 0 \end{pmatrix}$ 是 0 矩陣啊。」

由梨：「為什麼啊……感覺就是這樣啊。」

我：「由梨剛才有提出『零到底是什麼呢？』這個疑問吧？」

由梨：「嗯。」

我：「我們相當明白數的零是什麼。對於任意數 $a$，可以讓以下式子成立的數就是 0。

$$a + 0 = a$$

既然如此，矩陣中的零又該如何定義呢？那就是——」

由梨：「我知道！我知道！零矩陣也一樣！」

我：「零矩陣也一樣？」

由梨：「不管是哪個矩陣，加上零矩陣之後都不會改變！」

我：「沒錯，我們希望零矩陣會是這樣的矩陣。那麼，剛才由梨說的 $\begin{pmatrix} 0 & 0 \\ 0 & 0 \end{pmatrix}$ 又是如何呢？如果我們把 $\begin{pmatrix} a_{11} & a_{12} \\ a_{21} & a_{22} \end{pmatrix}$ 加上零矩陣的話——」

由梨：「不會改變！因為……

$$\begin{pmatrix} a_{11} & a_{12} \\ a_{21} & a_{22} \end{pmatrix} + \begin{pmatrix} 0 & 0 \\ 0 & 0 \end{pmatrix} = \begin{pmatrix} a_{11}+0 & a_{12}+0 \\ a_{21}+0 & a_{22}+0 \end{pmatrix}$$
$$= \begin{pmatrix} a_{11} & a_{12} \\ a_{21} & a_{22} \end{pmatrix}$$

……就是這樣！」

我：「沒錯！任意矩陣 $\begin{pmatrix} a_{11} & a_{12} \\ a_{21} & a_{22} \end{pmatrix}$ 加上 $\begin{pmatrix} 0 & 0 \\ 0 & 0 \end{pmatrix}$ 之後，矩陣和皆與原來的 $\begin{pmatrix} a_{11} & a_{12} \\ a_{21} & a_{22} \end{pmatrix}$ 相等。因此，元素全都是 0 的矩陣就是零矩陣。這麼一來，矩陣和數就有一致性了，很棒吧。」

$$a \quad + \quad 0 \quad = \quad a \qquad \text{數}$$

$$\begin{pmatrix} a_{11} & a_{12} \\ a_{21} & a_{22} \end{pmatrix} + \begin{pmatrix} 0 & 0 \\ 0 & 0 \end{pmatrix} = \begin{pmatrix} a_{11} & a_{12} \\ a_{21} & a_{22} \end{pmatrix} \qquad \text{矩陣}$$

由梨：「嗯——可是加上這個矩陣後不會改變不是理所當然的嗎？因為裡面的元素都是 0 嘛。」

我：「由梨真是厲害。」

由梨：「咦？怎麼了嗎？」

我：「因為由梨覺得『理所當然』的時候，就會老實說覺得『理所當然』啊。」

由梨：「這才是理所當然的做法不是嗎？」

我：「只有在仔細聽別人說的話，自己也好好想過之後，才會說出『理所當然』這個詞吧。仔細瞭解每一個步驟，然後一步一步前進，這樣的人才會覺得『理所當然』。所以由梨很厲害喔。」

由梨：「這樣人家會害羞啦！……再多誇獎一點嘛！」

我：「再說吧。」

由梨：「什麼嘛。」

我：「妳覺得相同矩陣的差會是什麼呢？」

$$\begin{pmatrix} a_{11} & a_{12} \\ a_{21} & a_{22} \end{pmatrix} - \begin{pmatrix} a_{11} & a_{12} \\ a_{21} & a_{22} \end{pmatrix} = ?$$

由梨：「計算矩陣的差，就是把每個元素拿來相減，所以最後會變成零啊。」

$$\begin{pmatrix} a_{11} & a_{12} \\ a_{21} & a_{22} \end{pmatrix} - \begin{pmatrix} a_{11} & a_{12} \\ a_{21} & a_{22} \end{pmatrix} = \begin{pmatrix} 0 & 0 \\ 0 & 0 \end{pmatrix}$$

我：「沒錯。相同矩陣的差就是零矩陣。」

由梨：「啊！這也和數一樣嘛！因為 $a - a = 0$。」

我：「是啊。」

$$a \quad - \quad a \quad = \quad 0 \qquad \text{數}$$

$$\begin{pmatrix} a_{11} & a_{12} \\ a_{21} & a_{22} \end{pmatrix} - \begin{pmatrix} a_{11} & a_{12} \\ a_{21} & a_{22} \end{pmatrix} = \begin{pmatrix} 0 & 0 \\ 0 & 0 \end{pmatrix} \qquad \text{矩陣}$$

由梨：「對嘛！……咦，哥哥，那等於呢？」

我：「等於？」

由梨：「剛才有出現過兩種加號（＋），也有出現過兩種減號（－），可是等於（＝）也有兩種不是嗎？『數的等於』和『矩陣的等於』。」

我：「由梨真聰明呢！就是這樣沒錯！我們還沒有定義兩個矩陣相等是什麼意思，對吧？『**矩陣的相等**』是必須定義的事，由梨真的很聰明呢！」

由梨：「嘿嘿！」

我：「我們可以這麼定義，當兩個矩陣的對應元素皆相等時，這兩個矩陣便相等。舉例來說，$\begin{pmatrix} a_{11} & a_{12} \\ a_{21} & a_{22} \end{pmatrix}$ 和 $\begin{pmatrix} b_{11} & b_{12} \\ b_{21} & b_{22} \end{pmatrix}$ 相等時，$a_{11} = b_{11}$、$a_{12} = b_{12}$、$a_{21} = b_{21}$、$a_{22} = b_{22}$ 皆成立，這就是我們的定義。」

矩陣的相等

當兩個矩陣的對應元素皆相等時，這兩個矩陣便相等。

$$\begin{pmatrix} a_{11} & a_{12} \\ a_{21} & a_{22} \end{pmatrix} = \begin{pmatrix} b_{11} & b_{12} \\ b_{21} & b_{22} \end{pmatrix}$$

$$\Longleftrightarrow \quad a_{11} = b_{11} \text{ 且 } a_{12} = b_{12} \text{ 且 } a_{21} = b_{21} \text{ 且 } a_{22} = b_{22}$$

由梨：「嗯嗯。只要有一個元素不同就不相等了。」

我：「是啊。所以說，定義『矩陣的相等』時，也會用到『數的相等』。」

$$\underbrace{\begin{pmatrix} a_{11} & a_{12} \\ a_{21} & a_{22} \end{pmatrix} \blacksquare \begin{pmatrix} b_{11} & b_{12} \\ b_{21} & b_{22} \end{pmatrix}}$$

這裡的 ■ 是指矩陣的相等

$$\Longleftrightarrow \quad \underbrace{a_{11} \blacksquare b_{11} \text{ 且 } a_{12} \blacksquare b_{12} \text{ 且 } a_{21} \blacksquare b_{21} \text{ 且 } a_{22} \blacksquare b_{22}}$$

這裡的 ■ 指的是數的相等

由梨：「哦——」

我：「這裡將 $a_{11} = b_{11}$、$a_{12} = b_{12}$、$a_{21} = b_{21}$、$a_{22} = b_{22}$ 皆成立，改寫成了：

$$a_{11} = b_{11} \text{ 且 } a_{12} = b_{12} \text{ 且 } a_{21} = b_{21} \text{ 且 } a_{22} = b_{22}$$

話說回來，妳知道 $P$ 且 $Q$ 和 $P$ 或 $Q$ 的差別嗎？」

由梨：「知道啊。$P$ 且 $Q$ 是 $P$ 和 $Q$ 都成立的意思；$P$ 或 $Q$ 則是 $P$ 和 $Q$ 至少有一邊成立的意思。」

我：「沒錯。⋯⋯到這裡，我們已經定義了矩陣的相等（＝）、和（＋）、差（－），也定義了零矩陣 $\left(\begin{smallmatrix}0 & 0\\ 0 & 0\end{smallmatrix}\right)$ 是什麼。換言之，我們現在已經可以判斷兩個矩陣是否相等，還可以做矩陣的加法、減法，把矩陣看成『像是數一樣的東西』。也創造出了零。」

由梨：「原來如此——！那麼哥哥，接下來要做什麼呢？」

我：「當然，就是一。」

由梨：「一？」

我：「我們已經創造出了相當於 0 的矩陣，接著就來創造相當於 1 的矩陣吧！」

由梨：「創造 1！」

「零就是什麼都不改變的意思嗎？」

# 第 1 章提到的定義

## 2×2 矩陣（二階方陣）

$$\begin{pmatrix} a_{11} & a_{12} \\ a_{21} & a_{22} \end{pmatrix}$$

## 零矩陣

$$\begin{pmatrix} 0 & 0 \\ 0 & 0 \end{pmatrix}$$

## 矩陣的和

$$\begin{pmatrix} a_{11} & a_{12} \\ a_{21} & a_{22} \end{pmatrix} + \begin{pmatrix} b_{11} & b_{12} \\ b_{21} & b_{22} \end{pmatrix} = \begin{pmatrix} a_{11} + b_{11} & a_{12} + b_{12} \\ a_{21} + b_{21} & a_{22} + b_{22} \end{pmatrix}$$

## 矩陣的差

$$\begin{pmatrix} a_{11} & a_{12} \\ a_{21} & a_{22} \end{pmatrix} - \begin{pmatrix} b_{11} & b_{12} \\ b_{21} & b_{22} \end{pmatrix} = \begin{pmatrix} a_{11} - b_{11} & a_{12} - b_{12} \\ a_{21} - b_{21} & a_{22} - b_{22} \end{pmatrix}$$

## 矩陣的相等

$$\begin{pmatrix} a_{11} & a_{12} \\ a_{21} & a_{22} \end{pmatrix} = \begin{pmatrix} b_{11} & b_{12} \\ b_{21} & b_{22} \end{pmatrix}$$

$$\Longleftrightarrow \quad a_{11} = b_{11} \ \underline{\text{且}} \ a_{12} = b_{12} \ \underline{\text{且}} \ a_{21} = b_{21} \ \underline{\text{且}} \ a_{22} = b_{22}$$

# 第 1 章的問題

聰明的人在解決問題時，
首先會盡可能試著明確理解問題是什麼。

——喬治·波利亞*

---

* 引用自 George Pólya, "How to Solve It"（作者譯）

●問題 1-1（表與矩陣）

學生 1 和學生 2 於考試 $A$ 中的科目 1 和科目 2，分別獲得如下的分數。

| $A$ | 科目 1 | 科目 2 |
|------|------|------|
| 學生 1 | 62 | 85 |
| 學生 2 | 95 | 60 |

我們可以將這個表改寫成 2×2 矩陣如下。

$$\begin{pmatrix} a_{11} & a_{12} \\ a_{21} & a_{22} \end{pmatrix} = \begin{pmatrix} 62 & 85 \\ 95 & 60 \end{pmatrix}$$

① 這個矩陣的元素 $a_{jk}$ 表示什麼呢？

② 將學生 1 和學生 2 於考試 $B$ 中的科目 1 和科目 2 獲得分數以矩陣 $\begin{pmatrix} b_{11} & b_{12} \\ b_{21} & b_{22} \end{pmatrix}$ 表示。兩個矩陣的和又表示了什麼？

$$\begin{pmatrix} a_{11} & a_{12} \\ a_{21} & a_{22} \end{pmatrix} + \begin{pmatrix} b_{11} & b_{12} \\ b_{21} & b_{22} \end{pmatrix}$$

③ 若有三名學生參與有五個科目的考試 $C$，並用同樣的方式製作出分數表。這個分數表可以寫成什麼樣的矩陣？

（解答在 p.236）

●問題 1-2（矩陣的相等）

①～④中，哪些矩陣與 $\begin{pmatrix} 1 & 2 \\ 3 & 4 \end{pmatrix}$ 相同呢？

① $\begin{pmatrix} 1 & 2 \\ 3 & 4 \end{pmatrix}$

② $\begin{pmatrix} 1 & 1+1 \\ 2+1 & 3+1 \end{pmatrix}$

③ $\begin{pmatrix} 1 & 3 \\ 2 & 4 \end{pmatrix} - \begin{pmatrix} 0 & 1 \\ -1 & 0 \end{pmatrix}$

④ $\begin{pmatrix} 1 & 2 \\ 0 & 4 \end{pmatrix}$

（解答在 p.238）

●問題 1-3（矩陣的和）

請計算①～⑤。

① $\begin{pmatrix} 1 & 2 \\ 3 & 4 \end{pmatrix} + \begin{pmatrix} 0 & 0 \\ 0 & 0 \end{pmatrix}$

② $\begin{pmatrix} 0 & 0 \\ 0 & 0 \end{pmatrix} + \begin{pmatrix} 1 & 2 \\ 3 & 4 \end{pmatrix}$

③ $\begin{pmatrix} 1 & 2 \\ 3 & 4 \end{pmatrix} + \begin{pmatrix} 1 & 2 \\ 3 & 4 \end{pmatrix}$

④ $\begin{pmatrix} 2 & -7 \\ 1 & -8 \end{pmatrix} + \begin{pmatrix} -2 & 7 \\ -1 & 8 \end{pmatrix}$

⑤ $\begin{pmatrix} 1 & 0 \\ 0 & 1 \end{pmatrix} + \begin{pmatrix} 1 & 0 \\ 0 & 1 \end{pmatrix} + \begin{pmatrix} 1 & 0 \\ 0 & 1 \end{pmatrix} + \begin{pmatrix} 1 & 0 \\ 0 & 1 \end{pmatrix} + \begin{pmatrix} 1 & 0 \\ 0 & 1 \end{pmatrix}$

（解答在 p.240）

●問題 1-4（試求矩陣）

請計算出滿足以下等式的四個數 $a$、$b$、$c$、$d$。

$$\begin{pmatrix} a & b \\ c & d \end{pmatrix} + \begin{pmatrix} 1 & 2 \\ 3 & 4 \end{pmatrix} = \begin{pmatrix} 0 & 0 \\ 0 & 0 \end{pmatrix}$$

（解答在 p.244）

●問題 1-5（表示矩陣和的加號）

下式中，哪些加號（＋）表示矩陣和呢？請找出每一個表示矩陣和的加號。

$$\begin{pmatrix} 1 & 2 \\ 3 & 4 \end{pmatrix} + \begin{pmatrix} +1 & 1+1 \\ 2+1 & 3+1 \end{pmatrix} = \begin{pmatrix} 0+1 & 1+2 \\ 2+3 & 3+4 \end{pmatrix} + \begin{pmatrix} 1 & 1 \\ 1 & 1 \end{pmatrix}$$

（解答在 p.245）

●問題 1-6（不相等的矩陣）

當矩陣 $\begin{pmatrix} a & b \\ c & d \end{pmatrix}$ 與矩陣 $\begin{pmatrix} 1 & 2 \\ 3 & 4 \end{pmatrix}$ 相等，

$$a = 1 \text{ 且 } b = 2 \text{ 且 } c = 3 \text{ 且 } d = 4$$

必定成立。

那麼當矩陣 $\begin{pmatrix} a & b \\ c & d \end{pmatrix}$ 與矩陣 $\begin{pmatrix} 1 & 2 \\ 3 & 4 \end{pmatrix}$ 不相等，

$$a \neq 1 \text{ 且 } b \neq 2 \text{ 且 } c \neq 3 \text{ 且 } d \neq 4$$

必定成立嗎？

（解答在 p.246）

●問題 1-7（交換律）

不管 $a$ 和 $b$ 是什麼數，

$$a + b = b + a$$

必定成立。這是數的加法交換律。試證明兩個 $2 \times 2$ 矩陣 $\begin{pmatrix} a_{11} & a_{12} \\ a_{21} & a_{22} \end{pmatrix}$、$\begin{pmatrix} b_{11} & b_{12} \\ b_{21} & b_{22} \end{pmatrix}$ 的交換律也會成立。也就是證明以下等式必定成立。

$$\begin{pmatrix} a_{11} & a_{12} \\ a_{21} & a_{22} \end{pmatrix} + \begin{pmatrix} b_{11} & b_{12} \\ b_{21} & b_{22} \end{pmatrix} = \begin{pmatrix} b_{11} & b_{12} \\ b_{21} & b_{22} \end{pmatrix} + \begin{pmatrix} a_{11} & a_{12} \\ a_{21} & a_{22} \end{pmatrix}$$

（解答在 p.247）

第 2 章

# 創造出一

「零和一，看似不同卻很相似。」

## 2.1　創造出一

我和由梨正在討論矩陣。

我們可以創造出矩陣中的零，也就是零矩陣 $\begin{pmatrix} 0 & 0 \\ 0 & 0 \end{pmatrix}$，接下來我們想創造出矩陣的一。

由梨：「創造出零矩陣後，再來就是一矩陣囉？」

我：「我們通常會叫它**單位矩陣**，而不是一矩陣。」

由梨：「單位矩陣──這個簡單！只要把矩陣的元素都改成 1 就行了吧？」

$$\begin{pmatrix} 1 & 1 \\ 1 & 1 \end{pmatrix} \qquad \text{單位矩陣？}$$

我：「為什麼由梨會這麼認為呢？」

由梨：「哥哥是因為由梨答錯了所以才反問我呢？還是因為想知道這樣回答的理由才反問呢？」

我：「都是啊。」

由梨：「咦——人家覺得 $\begin{pmatrix} 1 & 1 \\ 1 & 1 \end{pmatrix}$ 就是一嘛！」

我：「可惜的是，$\begin{pmatrix} 1 & 1 \\ 1 & 1 \end{pmatrix}$ 並不是單位矩陣喔。」

由梨：「為什麼？零矩陣的元素都是 0 不是嗎？」

我：「嗯，零矩陣中所有元素都是 0。我們是這麼定義的。」

---

**零矩陣**

所有的元素都是 0 的矩陣，稱為 0 矩陣。

$$\begin{pmatrix} 0 & 0 \\ 0 & 0 \end{pmatrix}$$

---

由梨：「如果是這樣，所有元素都是 1 的矩陣不就是單位矩陣嗎？單位矩陣就是像 1 一樣的東西吧？」

我：「就是這裡！這裡會出現一個很重要的問題。」

由梨：「重要的問題……」

我：「考慮零矩陣的時候，我們有討論過『0 是什麼樣的數』這個問題。和這個一樣，考慮單位矩陣的時候，也應該要想想看『1 是什麼樣的數』這個問題。」

由梨：「1 是什麼樣的數啊……相加之後會讓原本的矩陣增加 1 的數。你看，把矩陣 $\begin{pmatrix} a & b \\ c & d \end{pmatrix}$ 加上 $\begin{pmatrix} 1 & 1 \\ 1 & 1 \end{pmatrix}$ 之後，所有元素都增加 1 了不是嗎！」

$$\begin{pmatrix} a & b \\ c & d \end{pmatrix} + \begin{pmatrix} 1 & 1 \\ 1 & 1 \end{pmatrix} = \begin{pmatrix} a+1 & b+1 \\ c+1 & d+1 \end{pmatrix}$$

我：「原來如此。由梨的計算是對的，可以讓所有元素都增加 1 的矩陣也是個很有趣的矩陣。既然如此，我們也給 $\begin{pmatrix} 1 & 1 \\ 1 & 1 \end{pmatrix}$ 一個特別的名字吧，譬如壹矩陣之類的。不過，這並不是單位矩陣喔。」

由梨：「那單位矩陣是什麼樣的矩陣呢？」

我：「0 這個數，不管加上哪個數，都不會改變那個數的值，對吧？」

由梨：「是啊。」

我：「1 這個數，不管乘上哪個數，都不會改變那個數的值——試著從這個角度來思考看看吧。」

---

**數的世界的「零與一」**

$a + 0 = a$

　　任何數 $a$ 加上 0 之後仍等於 $a$。

$a \times 1 = a$

　　任何數 $a$ 乘上 1 之後仍等於 $a$。

---

由梨：「原來如此！不是加法而是乘法啊！」

我：「讓我們用這種方式來思考矩陣世界中的『零與一』吧。用 $O$ 來表示零矩陣，用 $I$ 來表示單位矩陣。」

> **矩陣世界的「零與一」**
>
> $$A + O = A$$
>
> 　　任何數 $A$ 加上零矩陣 $O$ 之後仍等於 $A$。
>
> $$A \times I = A$$
>
> 　　任何數 $A$ 乘上單位矩陣 $I$ 之後仍等於 $A$。

由梨：「啊，這兩個好像！好好玩！」

我：「就像數的積 $a \times b$ 可以寫成 $ab$ 一樣，矩陣的積 $A \times B$ 也可以寫成 $AB$。所以說，對於任何矩陣 $A$，若

$$AI = A$$

成立，我們便可稱呼矩陣 $I$ 為單位矩陣！」

由梨：「哦——」

我：「若想知道單位矩陣 $I$ 是什麼，就必須進一步思考 $I$ 有哪些元素。我們現在考慮的是 $2 \times 2$ 矩陣，所以要思考的就是

$$I = \begin{pmatrix} x_{11} & x_{12} \\ x_{21} & x_{22} \end{pmatrix}$$

中的 $x_{11}$、$x_{12}$、$x_{21}$、$x_{22}$ 分別是多少。」

由梨：「嗯嗯……」

我：「對於任何矩陣 $\begin{pmatrix} a_{11} & a_{12} \\ a_{21} & a_{22} \end{pmatrix}$，皆可使以下公式成立的矩陣 $\begin{pmatrix} x_{11} & x_{12} \\ x_{21} & x_{22} \end{pmatrix}$，就是單位矩陣！

$$\begin{pmatrix} a_{11} & a_{12} \\ a_{21} & a_{22} \end{pmatrix} \begin{pmatrix} x_{11} & x_{12} \\ x_{21} & x_{22} \end{pmatrix} = \begin{pmatrix} a_{11} & a_{12} \\ a_{21} & a_{22} \end{pmatrix} \quad \rfloor$$

由梨:「哥哥好像有點帥耶……」

我:「所以,這裡我們必須先考慮矩陣的積。」

由梨:「矩陣的積……乘法嗎?」

我:「是啊。我們到現在都還沒定義矩陣的乘法。要是沒有定義矩陣的乘法,就不曉得下面這個式子是什麼意思了。

$$\begin{pmatrix} a_{11} & a_{12} \\ a_{21} & a_{22} \end{pmatrix} \begin{pmatrix} x_{11} & x_{12} \\ x_{21} & x_{22} \end{pmatrix}$$

這麼一來,也無從得知怎樣的矩陣才是單位矩陣。」

由梨:「那就快點來定義吧!」

我:「那麼,假設鶴有 $a$ 隻腳。」

由梨:「啊?」

## 2.2 考慮數的乘積

我:「假設鶴有 $a$ 隻腳,有 $x$ 隻鶴。那麼鶴的總腳數就是

$$ax$$

隻,對吧?」

由梨:「是啊。而且 $a = 2$!」

我：「除了鶴，也用烏龜來舉例吧。

- 假設鶴有 $a_1$ 隻腳，有 $x_1$ 隻鶴
- 假設烏龜有 $a_2$ 隻腳，有 $x_2$ 隻烏龜

此時，鶴與烏龜的總腳數就是

$$a_1 x_1 + a_2 x_2$$

隻，對吧？」

$$\underbrace{a_1 x_1}_{\text{鶴的總腳數}} + \underbrace{a_2 x_2}_{\text{烏龜的總腳數}}$$
$$\text{鶴與烏龜的總腳數}$$

由梨：「哦──」

我：「這是將『鶴的總腳數』推廣成『鶴與烏龜的總腳數』。這裡的 $a_1 x_1 + a_2 x_2$ 這個式子是『相乘、相乘、相加』的形式。在定義矩陣乘法的時候，就會用到這種形式的計算。」

$$\underbrace{a_1 x_1}_{\text{相乘}} + \underbrace{a_2 x_2}_{\text{相乘}}$$
$$\text{相加}$$

由梨：「這樣啊……？」

## 2.3　矩陣的積

我：「兩個矩陣的乘積就是這樣定義的。」

### 矩陣的積

矩陣 $\begin{pmatrix} a_{11} & a_{12} \\ a_{21} & a_{22} \end{pmatrix}$ 和矩陣 $\begin{pmatrix} x_{11} & x_{12} \\ x_{21} & x_{22} \end{pmatrix}$ 的積定義如下。

$$\begin{pmatrix} a_{11} & a_{12} \\ a_{21} & a_{22} \end{pmatrix}\begin{pmatrix} x_{11} & x_{12} \\ x_{21} & x_{22} \end{pmatrix} = \begin{pmatrix} a_{11}x_{11} + a_{12}x_{21} & a_{11}x_{12} + a_{12}x_{22} \\ a_{21}x_{11} + a_{22}x_{21} & a_{21}x_{12} + a_{22}x_{22} \end{pmatrix}$$

由梨:「哇──!這也太複雜了吧!完全沒手下留情耶!」

我:「定義沒有什麼留不留情的喔。」

由梨:「要是打開書的時候看到這個公式,就根本不想看下去了吧!因為完全不知道規律嘛!」

我:「因為一次就把所有元素全攤在眼前,所以才會覺得混亂吧?讓我們把元素一個個拿出來看吧!譬如這樣。」

$$\begin{pmatrix} \boxed{a_{11}} & \boxed{a_{12}} \\ a_{21} & a_{22} \end{pmatrix}\begin{pmatrix} \boxed{x_{11}} & x_{12} \\ \boxed{x_{21}} & x_{22} \end{pmatrix} = \begin{pmatrix} \boxed{a_{11}x_{11}} + \boxed{a_{12}x_{21}} & a_{11}x_{12} + a_{12}x_{22} \\ a_{21}x_{11} + a_{22}x_{21} & a_{21}x_{12} + a_{22}x_{22} \end{pmatrix}$$

由梨:「哦哦,就是把 $a_{11}$ 和 $x_{11}$ 相乘,$a_{12}$ 和 $x_{21}$ 相乘嗎?」

我:「是啊。然後再把 $a_{11}x_{11}$ 和 $a_{12}x_{21}$ 相加。這裡就會用到剛才提到的『相乘、相乘、相加』的計算形式。」

$$\underbrace{\underbrace{a_{11}x_{11}}_{相乘} + \underbrace{a_{12}x_{21}}_{相乘}}_{相加}$$

由梨：「『相乘、相乘、相加』……嗯嗯？」

我：「兩個矩陣相乘時，需將左側矩陣的元素分成一列，以**橫向**看過去；並將右側矩陣的元素分成一行，以**縱向**看過去。接下來，再將各個元素以『相乘、相乘、相加』的形式計算。」

$$\begin{array}{c} \text{橫向看過去→} \\ \begin{pmatrix} a_{11} & a_{12} \\ a_{21} & a_{22} \end{pmatrix} \end{array} \begin{array}{c} \overset{\text{縱向看過去↓}}{\begin{pmatrix} x_{11} & x_{12} \\ x_{21} & x_{22} \end{pmatrix}} \end{array} = \overset{\text{相乘、相乘、相加}}{\begin{pmatrix} a_{11}x_{11} + a_{12}x_{21} & a_{11}x_{12} + a_{12}x_{22} \\ a_{21}x_{11} + a_{22}x_{21} & a_{21}x_{12} + a_{22}x_{22} \end{pmatrix}}$$

由梨：「嗯，看出來了！……我看出它是怎麼算的了！」

我：「很厲害喔。哥哥我第一次看到矩陣相乘的時候，花了不少時間才習慣呢！」

由梨：「只要讓左眼橫向移動，右眼縱向移動就行了嘛。」

我：「人類做不到那種事吧！」

---

## 2.4　其它元素

由梨：「『相乘、相乘、相加』啊……」

我：「計算矩陣的積時，會用同樣的方式來處理所有元素。」

## 2×2 矩陣的積

橫向看過去→　　縱向看過去　　　相乘、相乘、相加

$$\begin{pmatrix} a_{11} & a_{12} \\ a_{21} & a_{22} \end{pmatrix} \begin{pmatrix} x_{11} & x_{12} \\ x_{21} & x_{22} \end{pmatrix} = \begin{pmatrix} a_{11}x_{11} + a_{12}x_{21} & a_{11}x_{12} + a_{12}x_{22} \\ a_{21}x_{11} + a_{22}x_{21} & a_{21}x_{12} + a_{22}x_{22} \end{pmatrix}$$

橫向看過去→　　縱向看過去　　　　　　相乘、相乘、相加

$$\begin{pmatrix} a_{11} & a_{12} \\ a_{21} & a_{22} \end{pmatrix} \begin{pmatrix} x_{11} & x_{12} \\ x_{21} & x_{22} \end{pmatrix} = \begin{pmatrix} a_{11}x_{11} + a_{12}x_{21} & a_{11}x_{12} + a_{12}x_{22} \\ a_{21}x_{11} + a_{22}x_{21} & a_{21}x_{12} + a_{22}x_{22} \end{pmatrix}$$

　　　　　　　　縱向看過去

$$\begin{pmatrix} a_{11} & a_{12} \\ a_{21} & a_{22} \end{pmatrix} \begin{pmatrix} x_{11} & x_{12} \\ x_{21} & x_{22} \end{pmatrix} = \begin{pmatrix} a_{11}x_{11} + a_{12}x_{21} & a_{11}x_{12} + a_{12}x_{22} \\ a_{21}x_{11} + a_{22}x_{21} & a_{21}x_{12} + a_{22}x_{22} \end{pmatrix}$$

橫向看過去→　　　　　　　　　　　　相乘、相乘、相加

　　　　　　　　縱向看過去

$$\begin{pmatrix} a_{11} & a_{12} \\ a_{21} & a_{22} \end{pmatrix} \begin{pmatrix} x_{11} & x_{12} \\ x_{21} & x_{22} \end{pmatrix} = \begin{pmatrix} a_{11}x_{11} + a_{12}x_{21} & a_{11}x_{12} + a_{12}x_{22} \\ a_{21}x_{11} + a_{22}x_{21} & a_{21}x_{12} + a_{22}x_{22} \end{pmatrix}$$

橫向看過去→　　　　　　　　　　　　相乘、相乘、相加

由梨：「這式子也太複雜了吧！」

我：「要不要試著用實際的數字來算算看矩陣的積呢？」

問題 2-1（矩陣的積）

試計算以下矩陣的積。

$$\begin{pmatrix} 1 & 2 \\ 3 & 4 \end{pmatrix}\begin{pmatrix} 1 & 4 \\ 0 & 5 \end{pmatrix}$$

由梨：「相乘、相乘、相加……」

我：「怎麼樣？完成了嗎？」

由梨：「完成了！不過眼睛和頭腦都變得一團混亂。」

解答 2-1（矩陣的積）

$$\begin{pmatrix} 1 & 2 \\ 3 & 4 \end{pmatrix}\begin{pmatrix} 1 & 4 \\ 0 & 5 \end{pmatrix} = \begin{pmatrix} 1 \times 1 + 2 \times 0 & 1 \times 4 + 2 \times 5 \\ 3 \times 1 + 4 \times 0 & 3 \times 4 + 4 \times 5 \end{pmatrix}$$

$$= \begin{pmatrix} 1+0 & 4+10 \\ 3+0 & 12+20 \end{pmatrix}$$

$$= \begin{pmatrix} 1 & 14 \\ 3 & 32 \end{pmatrix}$$

我：「沒錯，正確答案！」

由梨：「嗯……」

我：「至此，我們定義了矩陣的積。接著就來想想看矩陣中的一，也就是單位矩陣長什麼樣子吧！」

由梨：「等一下，哥哥。我知道要怎麼計算矩陣乘法了，但為什麼要用『相乘、相乘、相加』的方式來計算矩陣乘法呢？」

我：「數值 $a$ 與 $x$ 的乘積會寫成 $ax$。將其推廣後，就可以得到 $a_1x_1 + a_2x_2$，這個我們剛才有講過了吧。」

由梨：「如果只有鶴是 $ax$，如果同時有鶴和烏龜就是 $a_1x_1 + a_2x_2$，這個我知道。可是，我不曉得為什麼矩陣乘法也要這樣算。」

我：「原來如此。這樣的話，再增加一個變數應該就行了⋯⋯嗯，譬如說，我們可以用不同硬幣的金額與重量來舉例，就能知道為什麼將數值的積 $ax$ 推廣至矩陣的積 $AX$ 時要這樣做囉！」

由梨：「硬幣？」

我：「嗯，這個過程——**從數值的積推廣至矩陣的積**——就等一下再說吧*。」

由梨：「別忘囉。」

---

## 2.5 創造單位矩陣

我：「接下來我們要做的是，定義相當於矩陣中『一』的單位矩陣。讓我們照著順序來想想看吧。」

由梨：「瞭解。」

我：「首先是數值的乘法。任意數 $a$ 乘上 1 之後還是等於 $a$，

---

\* 參考 p.82。

　　　　這就是 1 的特徵。」

由梨：「沒錯。」

我：「再來用同樣的方式來思考矩陣的乘法。我們想找到一種
　　矩陣 $I$，使得任意矩陣 $A$ 乘上 $I$ 之後還是等於 $A$。我們想定
　　義 $I$ 這樣的矩陣為單位矩陣。」

由梨：「OK、OK。」

我：「從元素的角度來看，如果任意矩陣 $\begin{pmatrix} a_{11} & a_{12} \\ a_{21} & a_{22} \end{pmatrix}$ 乘上 $\begin{pmatrix} x_{11} & x_{12} \\ x_{21} & x_{22} \end{pmatrix}$
　　之後，仍等於矩陣 $\begin{pmatrix} a_{11} & a_{12} \\ a_{21} & a_{22} \end{pmatrix}$，我們便可以說矩陣 $\begin{pmatrix} x_{11} & x_{12} \\ x_{21} & x_{22} \end{pmatrix}$ 是
　　單位矩陣。因為我們已經定義矩陣的乘法怎麼算了，所以
　　可以計算出矩陣相乘的結果！」

由梨：「咦──出現元素了，感覺變得好麻煩啊──」

我：「照著定義來看就一點也不難囉！矩陣的積是這樣。

$$\begin{pmatrix} a_{11} & a_{12} \\ a_{21} & a_{22} \end{pmatrix} \begin{pmatrix} x_{11} & x_{12} \\ x_{21} & x_{22} \end{pmatrix} = \begin{pmatrix} a_{11}x_{11} + a_{12}x_{21} & a_{11}x_{12} + a_{12}x_{22} \\ a_{21}x_{11} + a_{22}x_{21} & a_{21}x_{12} + a_{22}x_{22} \end{pmatrix}$$

　　我們希望等號右邊會等於矩陣 $\begin{pmatrix} a_{11} & a_{12} \\ a_{21} & a_{22} \end{pmatrix}$，也就是以下等式。

$$\begin{pmatrix} a_{11}x_{11} + a_{12}x_{21} & a_{11}x_{12} + a_{12}x_{22} \\ a_{21}x_{11} + a_{22}x_{21} & a_{21}x_{12} + a_{22}x_{22} \end{pmatrix} = \begin{pmatrix} a_{11} & a_{12} \\ a_{21} & a_{22} \end{pmatrix}$$

　　這樣可以嗎？」

由梨：「呃──」

我：「『矩陣相等』代表『對應的元素相等』，所以我們需要
　　確認對應的元素是否相等。

$$\begin{pmatrix} a_{11}x_{11} + a_{12}x_{21} & a_{11}x_{12} + a_{12}x_{22} \\ a_{21}x_{11} + a_{22}x_{21} & a_{21}x_{12} + a_{22}x_{22} \end{pmatrix} = \begin{pmatrix} a_{11} & a_{12} \\ a_{21} & a_{22} \end{pmatrix}$$

因此我們要找的是：對於任意數 $a_{11}$、$a_{12}$、$a_{21}$、$a_{22}$，皆能滿足以下條件

$$\begin{cases} a_{11}x_{11} + a_{12}x_{21} = a_{11} \\ a_{11}x_{12} + a_{12}x_{22} = a_{12} \\ a_{21}x_{11} + a_{22}x_{21} = a_{21} \\ a_{21}x_{12} + a_{22}x_{22} = a_{22} \end{cases}$$

的 $x_{11}$、$x_{12}$、$x_{21}$、$x_{22}$。這些數就是我們想找的單位矩陣 $I$ 的元素。」

$$I = \begin{pmatrix} x_{11} & x_{12} \\ x_{21} & x_{22} \end{pmatrix}$$

問題 2-2（單位矩陣）

若對於任意數 $a_{11}$、$a_{12}$、$a_{21}$、$a_{22}$，以下等式皆成立，

$$\begin{cases} a_{11}x_{11} + a_{12}x_{21} = a_{11} \\ a_{11}x_{12} + a_{12}x_{22} = a_{12} \\ a_{21}x_{11} + a_{22}x_{21} = a_{21} \\ a_{21}x_{12} + a_{22}x_{22} = a_{22} \end{cases}$$

試求 $x_{11}$、$x_{12}$、$x_{21}$、$x_{22}$ 分別是多少。

算出來的 $x_{11}$、$x_{12}$、$x_{21}$、$x_{22}$，就是單位矩陣 $I$ 的元素。

$$I = \begin{pmatrix} x_{11} & x_{12} \\ x_{21} & x_{22} \end{pmatrix}$$

由梨：「呃——這種問題解起來很麻煩吧？要列出一大堆式子才解得出來不是嗎？」

我：「不會喔，不需要列出一大堆式子。其實這就像是個腦筋急轉彎。」

由梨：「腦筋急轉彎？」

我：「是啊！舉例來說，讓我們來看看第一個式子吧。

$$a_{11}x_{11} + a_{12}x_{21} = a_{11}$$

我們要找的是適當的 $x_{11}$ 和 $x_{21}$，使得 $a_{11}$ 和 $a_{12}$ 不論是多少，這個等式永遠都會成立。」

由梨：「不論是多少……？」

我：「所以說，我們可以試著將 $a_{11}$ 和 $a_{12}$ 代換成任何數，譬如 0 或 1——」

由梨：「啊，就是說可以試著讓計算變簡單嗎？」

我：「沒錯。實際算算看就知道了，就拿下面這個式子來說——

$$a_{11}x_{11} + a_{12}x_{21} = a_{11}$$　」

由梨：「等一下！讓由梨來想想看！」

我：「……」

由梨：「我知道了！$x_{11} = 1$！」

我：「為什麼妳會這麼想呢？」

由梨：「因為下面這個式子

$$a_{11}x_{11} + a_{12}x_{21} = a_{11}$$

在 $a_{11} = 1$、$a_{12} = 0$ 的時候也會成立對吧？所以下面這個式子一定會成立不是嗎？

$$1x_{11} + 0x_{21} = 1$$

所以說可以得到

$$x_{11} = 1$$

這個結果！」

我：「沒錯，就是這樣！這樣我們就算出 $x_{11}$ 是多少了。這麼一來，單位矩陣 $I$ 就變成了這樣。

$$I = \begin{pmatrix} 1 & x_{12} \\ x_{21} & x_{22} \end{pmatrix}$$

再來只剩下 $x_{12}$、$x_{21}$、$x_{22}$ 囉。」

由梨：「我來用別的數試試看！

$$a_{11}x_{11} + a_{12}x_{21} = a_{11}$$

將 $a_{11} = 0$、$a_{12} = 1$ 代入上式，可以得到

$$0x_{11} + 1x_{21} = 0$$

這樣就可以得到

$$x_{21} = 0$$

這個結果了！又算出一個了！」

我：「到這裡我們已經算出 $x_{11} = 1$ 和 $x_{21} = 0$ 了，單位矩陣變成了這樣。

$$I = \begin{pmatrix} 1 & x_{12} \\ 0 & x_{22} \end{pmatrix}$$

只剩下 $x_{12}$ 和 $x_{22}$ 了。」

由梨：「只要找有出現 $x_{12}$ 和 $x_{22}$ 的式子來算算看就知道了吧！
　　　譬如說這個！」

$$\begin{cases} a_{11}x_{11} + a_{12}x_{21} = a_{11} \\ a_{11}x_{12} + a_{12}x_{22} = a_{12} \quad \leftarrow \text{這個！} \\ a_{21}x_{11} + a_{22}x_{21} = a_{21} \\ a_{21}x_{12} + a_{22}x_{22} = a_{22} \end{cases}$$

我：「……」

由梨：「我知道了我知道了！

$$a_{11}x_{12} + a_{12}x_{22} = a_{12}$$

　　　把 $a_{11} = 1$、$a_{12} = 0$ 代入這個式子，可以得到

$$1x_{12} + 0x_{22} = 0$$

　　　所以，

$$x_{12} = 0$$

　　　對吧？」

我：「沒錯。」

由梨：「最後是……

$$a_{11}x_{12} + a_{12}x_{22} = a_{12}$$

把 $a_{11} = 0$、$a_{12} = 1$ 代入這個式子，可以得到

$$0x_{12} + 1x_{22} = 1$$

所以，

$$x_{22} = 1$$

這樣就全部解出來了！」

我：「沒錯。把前面算出來的結果整理一下，可以得到

$$x_{11} = 1、x_{12} = 0、x_{21} = 0、x_{22} = 1」$$

---

解答 2-2（單位矩陣）

當 $x_{11} = 1$、$x_{12} = 0$、$x_{21} = 0$、$x_{22} = 1$ 時，

對於任意數 $a_{11}$、$a_{12}$、$a_{21}$、$a_{22}$，以下等式皆成立。

$$\begin{cases} a_{11}x_{11} + a_{12}x_{21} = a_{11} \\ a_{11}x_{12} + a_{12}x_{22} = a_{12} \\ a_{21}x_{11} + a_{22}x_{21} = a_{21} \\ a_{21}x_{12} + a_{22}x_{22} = a_{22} \end{cases}$$

---

由梨：「所以這就是單位矩陣 $I$ 了！」

---

單位矩陣 $I$

$$I = \begin{pmatrix} 1 & 0 \\ 0 & 1 \end{pmatrix}$$

我：「這樣我們就創造出單位矩陣囉。接下來——」

由梨：「Doubt！可是很奇怪耶，哥哥。」

我：「哪裡奇怪呢？」

由梨：「剛才的計算中，我們不是只有代入 0 和 1 而已嗎？而且，列出來的四個式子中，我們只有用到兩個式子。這樣可以保證不管我們帶入什麼數，這些式子都可以成立嗎？」

我：「啊啊，確實如此。由梨的質疑是對的，非常正確。實際上我們還必須計算 $AI = A$，確認這樣的結果到底正不正確。」

$$AI = \begin{pmatrix} a_{11} & a_{12} \\ a_{21} & a_{22} \end{pmatrix} \begin{pmatrix} 1 & 0 \\ 0 & 1 \end{pmatrix}$$

$$= \begin{pmatrix} a_{11} \times 1 + a_{12} \times 0 & a_{11} \times 0 + a_{12} \times 1 \\ a_{21} \times 1 + a_{22} \times 0 & a_{21} \times 0 + a_{22} \times 1 \end{pmatrix}$$

$$= \begin{pmatrix} a_{11} + 0 & 0 + a_{12} \\ a_{21} + 0 & 0 + a_{22} \end{pmatrix}$$

$$= \begin{pmatrix} a_{11} & a_{12} \\ a_{21} & a_{22} \end{pmatrix}$$

$$= A$$

$$AI = A$$

由梨：「嗯……這樣一來，確實可以確定這是對的了。」

我：「是啊。由剛才的計算，可以知道，不管 $a_{11}$、$a_{12}$、$a_{21}$、$a_{22}$ 是什麼數。以下等式皆會成立。」

$$\begin{pmatrix} a_{11} & a_{12} \\ a_{21} & a_{22} \end{pmatrix} \begin{pmatrix} 1 & 0 \\ 0 & 1 \end{pmatrix} = \begin{pmatrix} a_{11} & a_{12} \\ a_{21} & a_{22} \end{pmatrix}$$

因為我們不是用實際的數字計算，而是用文字代號來算。」

由梨：「哦──原來如此喵。」

我：「剛才的計算過程很有趣吧。×1 的部分會留下來，×0 的部分會消失。」

由梨：「真的非常……絕妙！」

我：「不只 $AI$ 和 $A$ 相等，如果我們把 $A$ 和 $I$ 的順序倒過來變成 $IA$，結果也會和 $A$ 相等喔。實際算算看就知道了。」

$$
\begin{aligned}
IA &= \begin{pmatrix} 1 & 0 \\ 0 & 1 \end{pmatrix} \begin{pmatrix} a_{11} & a_{12} \\ a_{21} & a_{22} \end{pmatrix} \\
&= \begin{pmatrix} 1 \times a_{11} + 0 \times a_{21} & 1 \times a_{12} + 0 \times a_{22} \\ 0 \times a_{11} + 1 \times a_{21} & 0 \times a_{12} + 1 \times a_{22} \end{pmatrix} \\
&= \begin{pmatrix} a_{11} + 0 & a_{12} + 0 \\ 0 + a_{21} & 0 + a_{22} \end{pmatrix} \\
&= \begin{pmatrix} a_{11} & a_{12} \\ a_{21} & a_{22} \end{pmatrix} \\
&= A \\
IA &= A
\end{aligned}
$$

由梨：「在這個計算中，1× 的部分會留下來，0× 的部分會消失耶。」

我：「到這裡，我們就創造了零矩陣和單位矩陣。」

零矩陣和單位矩陣

$$O = \begin{pmatrix} 0 & 0 \\ 0 & 0 \end{pmatrix} \quad 零矩陣$$

$$I = \begin{pmatrix} 1 & 0 \\ 0 & 1 \end{pmatrix} \quad 單位矩陣$$

由梨：「單位矩陣不是 $\begin{pmatrix} 1 & 1 \\ 1 & 1 \end{pmatrix}$ 而是 $\begin{pmatrix} 1 & 0 \\ 0 & 1 \end{pmatrix}$ 啊……那麼哥哥，接下來要創造什麼呢？」

我：「嗯，在這之前要注意一件事。」

由梨：「什麼？」

我：「任何數在任何情況下都可以相乘，對吧？但有些時候，矩陣之間是沒辦法相乘的喔！」

由梨：「什麼？矩陣有沒辦法相乘的時候嗎？」

## 2.6　無法計算乘法時

我：「計算矩陣乘法時，基本上是按照『相乘、相乘、相加』的方式計算。也就是說，將兩個矩陣相乘時，必須將對應的元素相乘。」

由梨：「所以呢？」

我：「如果是 $2 \times 2$ 矩陣和 $2 \times 2$ 矩陣，不管是什麼情況都能相

乘。依照矩陣的積的定義，可以得到以下等式。

$$\begin{pmatrix} a & b \\ c & d \end{pmatrix} \begin{pmatrix} p & q \\ r & s \end{pmatrix} = \begin{pmatrix} ap+br & aq+bs \\ cp+dr & cq+ds \end{pmatrix} \quad \text{積可定義}$$

而 $2 \times 2$ 矩陣乘上 $2 \times 3$ 矩陣的積也可以定義如下。

$$\begin{pmatrix} a & b \\ c & d \end{pmatrix} \begin{pmatrix} p & q & r \\ s & t & u \end{pmatrix} = \begin{pmatrix} ap+bs & aq+bt & ar+bu \\ cp+ds & cq+dt & cr+du \end{pmatrix} \quad \text{積可定義}$$

到這裡還可以接受吧？」

由梨：「可以啊。」

我：「不過，要是把相乘的順序倒過來，變成 $2 \times 3$ 矩陣乘上 $2 \times 2$ 矩陣，就無法定義積了。」

$$\begin{pmatrix} p & q & r \\ s & t & u \end{pmatrix} \begin{pmatrix} a & b \\ c & d \end{pmatrix} = \begin{pmatrix} pa+qc+r? & pb+qd+r? \\ sa+tc+u? & sb+td+u? \end{pmatrix} \quad \text{積無法定義}$$

由梨：「哦——沒有能和 $r$、$u$ 相乘的對象！落單了！」

我：「沒錯。只有當矩陣 $A$ 的行數與矩陣 $B$ 的列數相等，才可定義乘積 $AB$ 是多少。譬如像這樣。」

$$\begin{pmatrix} a & b & c \\ d & e & f \end{pmatrix} \begin{pmatrix} p & q \\ r & s \\ t & u \end{pmatrix} \quad \text{積可定義}$$

由梨：「把兩個矩陣的順序調換一下，乘積也可以定義吧？」

$$\begin{pmatrix} p & q \\ r & s \\ t & u \end{pmatrix} \begin{pmatrix} a & b & c \\ d & e & f \end{pmatrix} \quad \text{積可定義}$$

我：「沒錯！不過這兩個乘積會得到完全不同的結果喔。」

$$\begin{pmatrix} a & b & c \\ d & e & f \end{pmatrix} \begin{pmatrix} p & q \\ r & s \\ t & u \end{pmatrix} = \cdots$$

$$\begin{pmatrix} p & q \\ r & s \\ t & u \end{pmatrix} \begin{pmatrix} a & b & c \\ d & e & f \end{pmatrix} = \cdots$$

由梨：「咦？」

我：「計算一下就知道為什麼囉。」

$$\begin{pmatrix} a & b & c \\ d & e & f \end{pmatrix} \begin{pmatrix} p & q \\ r & s \\ t & u \end{pmatrix} = \begin{pmatrix} ap+br+ct & aq+bs+cu \\ dp+er+ft & dq+es+fu \end{pmatrix}$$

$$\begin{pmatrix} p & q \\ r & s \\ t & u \end{pmatrix} \begin{pmatrix} a & b & c \\ d & e & f \end{pmatrix} = \begin{pmatrix} pa+qd & pb+qe & pc+qf \\ ra+sd & rb+se & rc+sf \\ ta+ud & tb+ue & tc+uf \end{pmatrix}$$

由梨：「啊！完全不一樣嘛！」

我：「是啊。2×3 矩陣和 3×2 矩陣的積是 2×2 矩陣；3×2 矩陣和 2×3 矩陣的積則是 3×3 矩陣。」

由梨：「原來如此！」

我：「那就再考考由梨吧！這個矩陣的積是什麼呢？」

小測驗（矩陣的積）

$$\begin{pmatrix} a \\ b \end{pmatrix} (p \quad q) = ?$$

由梨：「哦，是 $2 \times 1$ 矩陣和 $1 \times 2$ 矩陣的積……是這樣嗎？」

$$\begin{pmatrix} a \\ b \end{pmatrix} (p \quad q) = \begin{pmatrix} ap & aq \\ bp & bq \end{pmatrix}$$

我：「沒錯！正確答案。這裡不需要用到『相乘、相乘、相加』，只要『相乘』就可以了。」

由梨：「交換的話就完全不一樣了！」

$$(p \quad q) \begin{pmatrix} a \\ b \end{pmatrix} = (pa + qb)$$

我：「是啊。不知道由梨還記不記得，這就是向量內積的計算方式喔*」

## 2.7 無法計算加法時

我：「不是只有矩陣的積在某些情況下無法定義，矩陣的和有時候也會無法定義喔。」

由梨：「加法也可能會不能算嗎？」

---

* 請參考《數學女孩秘密筆記：向量篇》（世茂出版）。

我：「是啊。譬如說，這種矩陣的和就無法定義。」

$$\begin{pmatrix} a & b & c \\ d & e & f \end{pmatrix} + \begin{pmatrix} p & q \\ r & s \end{pmatrix} = \begin{pmatrix} a+p & b+q & c+? \\ d+r & e+s & f+? \end{pmatrix} \quad \textbf{和無法定義}$$

由梨：「情況和剛才很像耶，沒有能和 $c$ 和 $f$ 相加的對象！落單了！」

我：「就是這樣。雖然我們把 $\begin{pmatrix} 0 & 0 \\ 0 & 0 \end{pmatrix}$ 叫做零矩陣，但這其實只是 $2 \times 2$ 矩陣中的零矩陣。要是列數或行數不一樣，就會變成別的零矩陣。」

各式各樣的零矩陣

$$2 \times 2 \text{ 矩陣} \quad \begin{pmatrix} 0 & 0 \\ 0 & 0 \end{pmatrix}$$

$$3 \times 3 \text{ 矩陣} \quad \begin{pmatrix} 0 & 0 & 0 \\ 0 & 0 & 0 \\ 0 & 0 & 0 \end{pmatrix}$$

$$2 \times 4 \text{ 矩陣} \quad \begin{pmatrix} 0 & 0 & 0 & 0 \\ 0 & 0 & 0 & 0 \end{pmatrix}$$

$$4 \times 2 \text{ 矩陣} \quad \begin{pmatrix} 0 & 0 \\ 0 & 0 \\ 0 & 0 \\ 0 & 0 \end{pmatrix}$$

$$1 \times 2 \text{ 矩陣} \quad \begin{pmatrix} 0 & 0 \end{pmatrix}$$

$$2 \times 1 \text{ 矩陣} \quad \begin{pmatrix} 0 \\ 0 \end{pmatrix}$$

$$1 \times 1 \text{ 矩陣} \quad \begin{pmatrix} 0 \end{pmatrix}$$

由梨:「雖然都是零,卻有各種不同種類呢!」

---

## 2.8 續 · 不可思議的數

由梨:「再來創造更多東西吧!」

我:「對了,接著就來創造『不可思議的數』吧(p.6)。」

> **「不可思議的數」**
> $AB$ 等於零，但 $A$ 和 $B$ 都不是零。

由梨：「原來如此，考慮到矩陣之後，就能創造出『不可思議的數』嗎？」

我：「就是這麼回事。如果 $A$ 和 $B$ 是數，且 $AB = 0$，$A$ 和 $B$ 之中必定至少有一個是 0。但如果 $A$ 和 $B$ 是矩陣又會如何呢？當 $AB = O$，$A$ 和 $B$ 中至少會有一個是零矩陣 $O$ 嗎？」

由梨：「如果好好調整 $A$ 和 $B$ 的元素，能不能剛好讓 $AB$ 等於零矩陣 $O$ 呢喵……」

我：「如果 $A$ 和 $B$ 其中一個是零矩陣，我們可以馬上得到 $AB$ 也是零矩陣的結論。」

由梨：「這倒也是。」

我：「所以我們想找的 $A$ 和 $B$ 需要滿足這個條件──『雖然 $A$ 和 $B$ 都不是零矩陣，$AB$ 卻是零矩陣』。」

由梨：「嗯嗯。」

我：「這樣的 $A$ 與 $B$ 就稱做零因子。」

問題 2-3（零因子）

設 $A$ 與 $B$ 皆為 $2 \times 2$ 矩陣，且兩矩陣皆不等於零矩陣 $O$。試找出一組 $A$ 與 $B$，使以下等式成立。

$$AB = O$$

由梨：「……」

我：「應該看得懂題目的意思吧？

$$A = \begin{pmatrix} a_{11} & a_{12} \\ a_{21} & a_{22} \end{pmatrix}, \quad B = \begin{pmatrix} b_{11} & b_{12} \\ b_{21} & b_{22} \end{pmatrix}$$

如上所示，$A \neq 0$ 且 $B \neq 0$，而且

$$\begin{pmatrix} a_{11} & a_{12} \\ a_{21} & a_{22} \end{pmatrix} \begin{pmatrix} b_{11} & b_{12} \\ b_{21} & b_{22} \end{pmatrix} = \begin{pmatrix} 0 & 0 \\ 0 & 0 \end{pmatrix}$$

請找出這樣的 $A$ 與 $B$。」

由梨：「……」

我：「記得要讓矩陣積的結果剛好等於 $\begin{pmatrix} 0 & 0 \\ 0 & 0 \end{pmatrix}$ 喔。」

由梨：「就是要找到本身不是零矩陣，但相乘後會是零矩陣的 $A$ 和 $B$，沒錯吧？這我知道啦。我正在思考，哥哥你先安靜一點……」

我：「好、好。」

　　由梨開始認真計算。陽光從窗戶撒在她的頭髮上，閃耀著金色的光芒。

由梨：「哥哥，零矩陣是元素全都是 0 的矩陣嗎？」

我：「是啊。」

由梨：「也就是說，只要有一個元素不是 0，就不算是零矩陣了吧？」

我：「沒錯。」

由梨：「譬如說 $\begin{pmatrix} 1 & 0 \\ 0 & 0 \end{pmatrix}$ 就不是零矩陣，對嗎？」

我：「嗯，這不是零矩陣。」

由梨：「那我找到囉！」

---

由梨的解答 2-3（零因子）

$$A = \begin{pmatrix} 1 & 0 \\ 0 & 0 \end{pmatrix}, \quad B = \begin{pmatrix} 0 & 0 \\ 0 & 1 \end{pmatrix}$$

---

我：「喔！找到了呢。」

由梨：「比我想像得還要簡單耶。這兩個矩陣相乘之後會變成這樣吧。」

$$AB = \begin{pmatrix} 1 & 0 \\ 0 & 0 \end{pmatrix} \begin{pmatrix} 0 & 0 \\ 0 & 1 \end{pmatrix}$$

$$= \begin{pmatrix} 1 \times 0 + 0 \times 0 & 1 \times 0 + 0 \times 1 \\ 0 \times 0 + 0 \times 0 & 0 \times 0 + 0 \times 1 \end{pmatrix}$$

$$= \begin{pmatrix} 0 + 0 & 0 + 0 \\ 0 + 0 & 0 + 0 \end{pmatrix}$$

$$= \begin{pmatrix} 0 & 0 \\ 0 & 0 \end{pmatrix}$$

$$= O$$

我：「沒錯！確實是 $AB = O$。妳是怎麼找到的？」

由梨：「$AB$ 等於零矩陣，就表示 $AB$ 中所有元素都是 0 對吧？」

我：「是啊。」

由梨：「所以說，我就盡量在 $A$ 和 $B$ 裡面塞進 0 做為元素。」

我：「原來如此。所以才會得到 $\begin{pmatrix} 1 & 0 \\ 0 & 0 \end{pmatrix}$ 或 $\begin{pmatrix} 0 & 0 \\ 0 & 1 \end{pmatrix}$ 這種矩陣。」

由梨：「然後呢，我還特別讓 $A$ 和 $B$ 中是 1 的元素不會互相乘到喔。因為計算的時候相乘的元素是固定的嘛！」

我：「嗯？」

由梨：「這是我的發現喔！元素相乘的對象是固定的，一個矩陣內的某個元素並不會乘到另一個矩陣中的每一個元素。」

我：「可以用這個例子來說明看看嗎？」

$$\begin{pmatrix} a_{11} & a_{12} \\ a_{21} & a_{22} \end{pmatrix} \begin{pmatrix} b_{11} & b_{12} \\ b_{21} & b_{22} \end{pmatrix} = \begin{pmatrix} a_{11}b_{11} + a_{12}b_{21} & a_{11}b_{12} + a_{12}b_{22} \\ a_{21}b_{11} + a_{22}b_{21} & a_{21}b_{12} + a_{22}b_{22} \end{pmatrix}$$

由梨：「仔細看就會發現……

- $a_{11}$ 只會和 $b_{11}$ 及 $b_{12}$ 相乘。
- $a_{12}$ 只會和 $b_{21}$ 及 $b_{22}$ 相乘。
- $a_{21}$ 只會和 $b_{11}$ 及 $b_{12}$ 相乘。
- $a_{22}$ 只會和 $b_{21}$ 及 $b_{22}$ 相乘。

對吧對吧？相乘的對象是固定的。」

我：「哦哦……」

由梨：「所以說，$a_{11}$ 和 $b_{22}$ 不會互相乘到，所以只要讓這兩個是 1，其它保持 0，就能滿足條件了。」

我：「厲害！」

由梨：「這樣的話，『相乘、相乘、相加』中的『相乘』部分必定等於 0，對吧？所以 $\begin{pmatrix} 1 & 0 \\ 0 & 0 \end{pmatrix} \begin{pmatrix} 0 & 0 \\ 0 & 1 \end{pmatrix}$ 就會是一個零矩陣囉，呵呵呵。」

我：「答得漂亮！」

由梨：「嘿嘿。只要放入一大堆 0 就很簡單啦。」

我：「設 $A = \begin{pmatrix} 1 & 0 \\ 0 & 0 \end{pmatrix}$、$B = \begin{pmatrix} 0 & 0 \\ 0 & 1 \end{pmatrix}$，並確認 $AB$ 這個矩陣積為零矩陣，這樣我們就創造出『不可思議的數』囉，由梨。」

由梨：「太棒了！吶吶，哥哥，接下來還要創造什麼呢？」

我：「矩陣的加法、減法、乘法，我們都做過了，再來剩下的就是……」

由梨：「矩陣的除法！」

---

## 2.9 矩陣的除法

我：「接著，就讓我們來想想看矩陣的除法吧！」

由梨：「快開始吧！」

我：「和剛才一樣，讓我們從數值的除法開始討論。先問個問題，『要怎麼計算數 $b$ 除以數 $a$ 呢？』」

由梨：「$b$ 除以 $a$，就是 $b \div a$，不就是這樣算嗎？不然還能怎麼算呢？」

我：「不是這個意思。我們可以用乘法將除法改寫成這樣

$$b \div a = b \times \frac{1}{a}$$

『除以 $a$』可以想成是『乘以 $\frac{1}{a}$』。」

由梨：「這樣不是很奇怪嗎？如果這樣，接下來是不是要繼續問『$\frac{1}{a}$ 是什麼樣的數』？」

我：「就是這樣！」

由梨：「哇，嚇我一跳。」

我：「就是這樣沒錯。也就是說，計算除法的時候，只要考慮倒數就可以了。」

由梨：「倒數是說 $\frac{1}{a}$ 嗎？」

我：「是啊，$a$ 的倒數是 $\frac{1}{a}$。說到倒數的時候，一定要說是『什麼的倒數』才行喔。譬如說 3 的倒數是 $\frac{1}{3}$，10 的倒數 $\frac{1}{10}$，123 的倒數是 $\frac{1}{123}$。」

由梨：「嗯嗯。」

我：「假設 $a = 0$，那麼 $a$ 的倒數就不存在。」

由梨：「啊──因為 0 不能當除數。」

我：「沒錯。這裡又輪到 1 登場了。」

由梨：「？」

我：「數 $a$ 的倒數的定義，是乘上 $a$ 之後會得到 1 的數。也就是說，我們可以用乘法與 1 來定義倒數。」

---

**倒數**

當數 $a$ 與數 $x$ 的乘積為 1，即

$$ax = 1$$

成立時，稱 $x$ 為 $a$ 的倒數。
$a$ 的倒數可以寫成 $a^{-1}$。

---

由梨：「嗯嗯，相乘後是 1 啊。」

我：「這裡先出一題。$\frac{1}{3}$ 的倒數是什麼？」

由梨：「嗯，是 3 吧？」

我：「沒錯。那麼，為什麼呢？」

由梨：「為什麼是指？」

我：「為什麼 3 是 $\frac{1}{3}$ 的倒數呢？」

由梨：「這樣問我很難答得出來啊……」

我：「想想定義，倒數的定義。」

由梨：「啊，是這樣嗎？$\frac{1}{3}$ 之所以是 3 的倒數，是因為
$$3 \times \frac{1}{3} = 1！$$」

我：「是的，正確答案。3 和 $\frac{1}{3}$ 互為倒數。」

由梨：「因為這兩個相乘等於 1 嘛。嗯……定義啊。因為是這
　　　樣定義，所以就是這樣囉！」

我：「到這裡討論的都是數值。除以數 $a$ 的時候，就是乘上數
　　　$a$ 的倒數 $\frac{1}{a}$。而 $\frac{1}{a}$ 還可以寫成 $a^{-1}$。那麼矩陣呢……？」

由梨：「矩陣也一樣嗎？」

我：「我們可以這麼想。除以矩陣 $A$ 的時候，就是乘上矩陣 $A$
　　　的逆矩陣。那麼，$A$ 的逆矩陣要怎麼定義才行呢？」

由梨：「……」

我：「我們已經知道矩陣的一是多少了。」

由梨：「就是單位矩陣！$I = \begin{pmatrix} 1 & 0 \\ 0 & 1 \end{pmatrix}$ 嗎？」

我：「沒錯！我們已經定義矩陣的積是什麼了。所以我們也可

以在矩陣的世界中想想看逆矩陣是什麼，就像數的世界中的倒數一樣。」

---

### 逆矩陣

當矩陣 $A$ 和矩陣 $X$ 的積等於單位矩陣 $I$，即

$$AX = I$$

成立時，稱 $X$ 為 $A$ 的逆矩陣。
$A$ 的逆矩陣寫做 $A^{-1}$。

---

由梨：「一模一樣！」

我：「試著寫出它們的元素吧！」

---

### 逆矩陣

當矩陣 $\begin{pmatrix} a_{11} & a_{12} \\ a_{21} & a_{22} \end{pmatrix}$ 和矩陣 $\begin{pmatrix} x_{11} & x_{12} \\ x_{21} & x_{22} \end{pmatrix}$ 的積等於單位矩陣 $\begin{pmatrix} 1 & 0 \\ 0 & 1 \end{pmatrix}$，即

$$\begin{pmatrix} a_{11} & a_{12} \\ a_{21} & a_{22} \end{pmatrix} \begin{pmatrix} x_{11} & x_{12} \\ x_{21} & x_{22} \end{pmatrix} = \begin{pmatrix} 1 & 0 \\ 0 & 1 \end{pmatrix}$$

成立時，稱 $\begin{pmatrix} x_{11} & x_{12} \\ x_{21} & x_{22} \end{pmatrix}$ 為 $\begin{pmatrix} a_{11} & a_{12} \\ a_{21} & a_{22} \end{pmatrix}$ 的逆矩陣。
$\begin{pmatrix} a_{11} & a_{12} \\ a_{21} & a_{22} \end{pmatrix}$ 的逆矩陣寫做 $\begin{pmatrix} a_{11} & a_{12} \\ a_{21} & a_{22} \end{pmatrix}^{-1}$。

---

由梨：「哥哥，我有個很不好的預感。」

我：「不好的預感？」

由梨：「計算逆矩陣的時候，該不會需要很複雜的計算吧？」

我：「不如我們來試試看吧！舉例來說，要不要試著求求看 $\begin{pmatrix} 1 & 0 \\ 0 & 1 \end{pmatrix}$ 的逆矩陣呢？」

由梨：「$\begin{pmatrix} 1 & 0 \\ 0 & 1 \end{pmatrix}$ 的逆矩陣……一樣是 $\begin{pmatrix} 1 & 0 \\ 0 & 1 \end{pmatrix}$ 啊。」

我：「是啊。為什麼呢？」

由梨：「因為，

$$\begin{pmatrix} 1 & 0 \\ 0 & 1 \end{pmatrix}\begin{pmatrix} 1 & 0 \\ 0 & 1 \end{pmatrix} = \begin{pmatrix} 1 & 0 \\ 0 & 1 \end{pmatrix}$$

兩個相乘之後還是單位矩陣。」

我：「沒錯。也就是說，

$$\begin{pmatrix} 1 & 0 \\ 0 & 1 \end{pmatrix}^{-1} = \begin{pmatrix} 1 & 0 \\ 0 & 1 \end{pmatrix}$$

對吧？這和 1 的倒數 $\frac{1}{1}$ 也等於 1 很像。」

由梨：「真的耶！」

我：「那麼，$\begin{pmatrix} 3 & 0 \\ 0 & 3 \end{pmatrix}$ 的逆矩陣呢？」

由梨：「該不會是 $\begin{pmatrix} \frac{1}{3} & 0 \\ 0 & \frac{1}{3} \end{pmatrix}$ 吧？我來算算看！」

$$\begin{pmatrix} 3 & 0 \\ 0 & 3 \end{pmatrix}\begin{pmatrix} \frac{1}{3} & 0 \\ 0 & \frac{1}{3} \end{pmatrix} = \begin{pmatrix} 3 \times \frac{1}{3} + 0 \times 0 & 3 \times 0 + 0 \times \frac{1}{3} \\ 0 \times \frac{1}{3} + 3 \times 0 & 0 \times 0 + 3 \times \frac{1}{3} \end{pmatrix}$$

$$= \begin{pmatrix} 1+0 & 0+0 \\ 0+0 & 0+1 \end{pmatrix}$$

$$= \begin{pmatrix} 1 & 0 \\ 0 & 1 \end{pmatrix}$$

我：「沒錯，$\begin{pmatrix} 3 & 0 \\ 0 & 3 \end{pmatrix}^{-1} = \begin{pmatrix} \frac{1}{3} & 0 \\ 0 & \frac{1}{3} \end{pmatrix}$。虧妳想得到耶！」

由梨：「沒有啦，這可以算是野生的直覺吧。你看，既然 $\begin{pmatrix} 1 & 0 \\ 0 & 1 \end{pmatrix}$ 很像 1、$\begin{pmatrix} 3 & 0 \\ 0 & 3 \end{pmatrix}$ 很像 3、那 $\begin{pmatrix} \frac{1}{3} & 0 \\ 0 & \frac{1}{3} \end{pmatrix}$ 應該就和 $\frac{1}{3}$ 很像了吧。」

我：「原來如此。如果寫成矩陣就是這個樣子喔。」

$$\begin{pmatrix} 3 & 0 \\ 0 & 3 \end{pmatrix} = 3\begin{pmatrix} 1 & 0 \\ 0 & 1 \end{pmatrix}$$

由梨：「就好像把 3 提出來一樣。」

我：「是啊。在矩陣前面寫上一個數，就表示這個數乘上矩陣內的所有元素。也就是說，下面這個矩陣

$$\begin{pmatrix} ka & kb \\ kc & kd \end{pmatrix}$$

可以改寫成下面這個樣子。

$$k\begin{pmatrix} a & b \\ c & d \end{pmatrix}$$

所以說，我們可以得到以下等式。

$$\begin{pmatrix} 3 & 0 \\ 0 & 3 \end{pmatrix} = 3\begin{pmatrix} 1 & 0 \\ 0 & 1 \end{pmatrix} = 3I$$

以及以下等式。

$$\begin{pmatrix} \frac{1}{3} & 0 \\ 0 & \frac{1}{3} \end{pmatrix} = \frac{1}{3}\begin{pmatrix} 1 & 0 \\ 0 & 1 \end{pmatrix} = \frac{1}{3}I$$

因此，$3I$ 的逆矩陣就是 $\frac{1}{3}I$。」

由梨：「和數很像耶！」

---

**矩陣的整數倍**

$$\begin{pmatrix} ka & kb \\ kc & kd \end{pmatrix} = k\begin{pmatrix} a & b \\ c & d \end{pmatrix}$$

---

我：「那麼再出一題。$\begin{pmatrix} 1 & 0 \\ 0 & 0 \end{pmatrix}$ 的逆矩陣是什麼呢？」

由梨：「……咦？$\begin{pmatrix} 1 & 0 \\ 0 & 0 \end{pmatrix}$ 的逆矩陣算不出來耶。」

我：「是啊，算不出來。因為

$$\begin{pmatrix} 1 & 0 \\ 0 & 0 \end{pmatrix}\begin{pmatrix} x_{11} & x_{12} \\ x_{21} & x_{22} \end{pmatrix} = \begin{pmatrix} 1 \times x_{11} + 0 \times x_{21} & 1 \times x_{12} + 0 \times x_{22} \\ 0 \times x_{11} + 0 \times x_{21} & 0 \times x_{12} + 0 \times x_{22} \end{pmatrix}$$
$$= \begin{pmatrix} x_{11} & x_{12} \\ 0 & 0 \end{pmatrix}$$

絕對不可能得到單位矩陣 $\begin{pmatrix} 1 & 0 \\ 0 & 1 \end{pmatrix}$。」

由梨：「咦……原來也有可能會算不出逆矩陣啊！這樣不就不能算除法了嗎？」

我：「數也是這樣不是嗎？0 的倒數不存在，所以 0 不能當除
數。」

由梨：「啊，對耶。」

我：「那麼，讓我們來考慮一般的情況吧！也就是求出 $\begin{pmatrix} a & b \\ c & d \end{pmatrix}$ 的
逆矩陣。」

由梨：「就是問 $\begin{pmatrix} a & b \\ c & d \end{pmatrix}$ 乘上什麼之後會得到 $\begin{pmatrix} 1 & 0 \\ 0 & 1 \end{pmatrix}$ 嗎？」

我：「沒錯！」

---

問題 2-4（逆矩陣）

已知元素 $a$、$b$、$c$、$d$ 之值。試求滿足下式的 $w$、$x$、$y$、$z$。

$$\begin{pmatrix} a & b \\ c & d \end{pmatrix} \begin{pmatrix} w & x \\ y & z \end{pmatrix} = \begin{pmatrix} 1 & 0 \\ 0 & 1 \end{pmatrix}$$

---

由梨：「哥哥……這會變成很複雜的計算吧。」

我：「可能吧。由梨現在可以算出 $\begin{pmatrix} a & b \\ c & d \end{pmatrix} \begin{pmatrix} w & x \\ y & z \end{pmatrix}$ 是多少嗎？」

由梨：「是可以啦……」

$$\begin{pmatrix} a & b \\ c & d \end{pmatrix}\begin{pmatrix} w & x \\ y & z \end{pmatrix} = \begin{pmatrix} 1 & 0 \\ 0 & 1 \end{pmatrix} \quad \text{題目的式子}$$

$$\begin{pmatrix} aw + by & ax + bz \\ cw + dy & cx + dz \end{pmatrix} = \begin{pmatrix} 1 & 0 \\ 0 & 1 \end{pmatrix} \quad \text{等號左邊的計算結果（矩陣的積）}$$

我：「那麼『想求出什麼』呢？」

由梨：「想求的是 $w$、$x$、$y$、$z$。」

我：「『已知哪些資訊』呢？」

由梨：「已知的是 $a$、$b$、$c$、$d$。」

我：「是啊。所以我們要找出滿足以下等式的 $w$、$x$、$y$、$z$

$$\begin{pmatrix} aw + by & ax + bz \\ cw + dy & cx + dz \end{pmatrix} = \begin{pmatrix} 1 & 0 \\ 0 & 1 \end{pmatrix}$$

並用 $a$、$b$、$c$、$d$ 來表示。換言之，若想求出逆矩陣，需要解開以下聯立方程式。」

---

幫助我們求出逆矩陣的聯立方程式

$$\begin{cases} aw + by = 1 & \cdots\text{①} \\ ax + bz = 0 & \cdots\text{②} \\ cw + dy = 0 & \cdots\text{③} \\ cx + dz = 1 & \cdots\text{④} \end{cases}$$

---

由梨：「算起來好麻煩啊。」

我：「試著解開這個聯立方程式吧。只要把代數一個個消掉就好囉！一開始先用①和③……」

由梨：「等一下啦。應該要讓由梨來解才對吧？如果用①和③，嗯……可以消去 $y$！」

$$\begin{cases} aw + by = 1 & \cdots① \\ cw + dy = 0 & \cdots③ \end{cases}$$

$$daw + dby = d \qquad\qquad d \times ①$$
$$bcw + bdy = 0 \qquad\qquad b \times ③$$

我：「沒錯，$dby - bdy$ 可以消去 $y$。」

$$daw - bcw = d \qquad\qquad d \times ① - b \times ③$$
$$(da - bc)w = d \qquad\qquad 提出\ w$$

由梨：「再來，我想讓等號兩邊都除以 $da - bc$，可是……」

我：「為什麼要看我呢？」

由梨：「$da - bc$ 會不會等於 0 呢？」

我：「說不定會喔！所以需要加上 $da - bc \neq 0$ 的條件。」

由梨：「要是 $da - bc \neq 0$，就可以用 $a$、$b$、$c$、$d$ 來表示 $w$ 了！」

$$w = \frac{d}{da - bc} \qquad\qquad \cdots⑤$$

我：「有注意到不能『除以零』，由梨果然很厲害呢！」

由梨：「再來②和④似乎可以消去 $z$。」

$$\begin{cases} ax + bz = 0 & \cdots ② \\ cx + dz = 1 & \cdots ④ \end{cases}$$

$$dax + dbz = 0 \qquad\qquad d \times ②$$
$$bcx + bdz = b \qquad\qquad b \times ④$$

$$dax - bcx = -b \qquad\qquad d \times ② - b \times ④$$
$$(da - bc)x = -b \qquad\qquad 提出\ x$$

我：「做得不錯。」

由梨：「和剛才一樣，只要 $da - bc \neq 0$，就可以得到 $x$。」

$$x = \frac{-b}{da - bc} \qquad\qquad \cdots ⑥$$

我：「這樣就得到 $w$ 和 $x$ 了。」

由梨：「再來用①和③消去 $w$。」

$$caw + cby = c \qquad\qquad c \times ①$$
$$acw + ady = 0 \qquad\qquad a \times ③$$

$$cby - ady = c \qquad\qquad c \times ① - a \times ③$$
$$(cb - ad)y = c \qquad\qquad 提出\ y$$

由梨：「這次又多了 $cb - ad \neq 0$ 的條件。」

我：「$cb - ad \neq 0$ 和剛才提到的 $da - bc \neq 0$ 是同一個條件喔。
兩個都可以寫成

$$ad - bc \neq 0 \qquad 」$$

$$(cb - ad)y = c \qquad \text{上式}$$
$$-(cb - ad)y = -c \qquad \text{將等號兩邊同乘負號}$$
$$(-cb + ad)y = -c \qquad \text{將負號放入括弧內}$$
$$(ad - cb)y = -c \qquad \text{改變順序}$$
$$(ad - bc)y = -c \qquad \text{因為 } cb = bc$$

由梨：「這樣啊。那麼，在 $ad - bc \neq 0$ 的條件下，等號兩邊可以同除以 $ad - bc$，就可以得到 $y$ 了。」

$$y = \frac{-c}{ad - bc} \qquad \cdots ⑦$$

由梨：「$w$、$x$、$y$ 都算出來了！」

$$w = \frac{d}{da - bc} = \frac{d}{ad - bc} \qquad \cdots ⑤'$$
$$x = \frac{-b}{da - bc} = \frac{-b}{ad - bc} \qquad \cdots ⑥'$$
$$y = \frac{-c}{ad - bc} \qquad \cdots ⑦$$

我：「剩下 $z$ 囉。」

由梨：「只要用②和④消去 $x$ 就可以了！」

$$\begin{cases} ax + bz = 0 & \cdots ② \\ cx + dz = 1 & \cdots ④ \end{cases}$$

$$cax + cbz = 0 \qquad\qquad c \times ②$$
$$acx + adz = a \qquad\qquad a \times ④$$

$$cbz - adz = -a \qquad c \times ② - a \times ④$$
$$(cb - ad)z = -a \qquad 提出 \ z$$

我：「不錯嘛。」

由梨：「又出現了！又出現了！你看，$cb - ad$ 就是 $-(ad - bc)$
嘛！所以，在 $ad - bc \neq 0$ 的條件下……」

$$
\begin{aligned}
z &= \frac{-a}{cb - ad} \\
&= \frac{-a}{-(ad - bc)} \\
&= \frac{a}{ad - bc} \qquad \cdots ⑧
\end{aligned}
$$

我：「所以說，在 $ad - bc \neq 0$ 的條件成立時……」

$$
\begin{cases}
w = \dfrac{d}{ad - bc} & \cdots ⑤' \\[2mm]
x = \dfrac{-b}{ad - bc} & \cdots ⑥' \\[2mm]
y = \dfrac{-c}{ad - bc} & \cdots ⑦ \\[2mm]
z = \dfrac{a}{ad - bc} & \cdots ⑧
\end{cases}
$$

由梨：「這樣就算出逆矩陣了！」

$$
\begin{pmatrix} w & x \\ y & z \end{pmatrix} = \begin{pmatrix} \frac{d}{ad-bc} & \frac{-b}{ad-bc} \\ \frac{-c}{ad-bc} & \frac{a}{ad-bc} \end{pmatrix}
$$

我：「所有元素都乘上了一個 $\frac{1}{ad - bc}$，所以可以把它提到矩陣
外喔。」

由梨：「啊，真的耶！」

$$\begin{pmatrix} w & x \\ y & z \end{pmatrix} = \frac{1}{ad - bc}\begin{pmatrix} d & -b \\ -c & a \end{pmatrix}$$

---

**解答 2-4（逆矩陣）**

已知數 $a$、$b$、$c$、$d$，且以下條件成立

$$ad - bc \neq 0$$

那麼當

$$\begin{pmatrix} w & x \\ y & z \end{pmatrix} = \frac{1}{ad - bc}\begin{pmatrix} d & -b \\ -c & a \end{pmatrix}$$

此矩陣 $\begin{pmatrix} w & x \\ y & z \end{pmatrix}$ 會滿足以下等式。

$$\begin{pmatrix} a & b \\ c & d \end{pmatrix}\begin{pmatrix} w & x \\ y & z \end{pmatrix} = \begin{pmatrix} 1 & 0 \\ 0 & 1 \end{pmatrix}$$

換言之，

$$\begin{pmatrix} a & b \\ c & d \end{pmatrix}^{-1} = \frac{1}{ad - bc}\begin{pmatrix} d & -b \\ -c & a \end{pmatrix}$$

---

由梨：「……好複雜啊。」

我：「到這裡，我們也大致看過『數的世界』和『矩陣的世界』
　　之間有哪些對應了。」

| 「數的世界」 | | 「矩陣的世界」 |
|---|---|---|

$$0 \quad \longleftrightarrow \quad O = \begin{pmatrix} 0 & 0 \\ 0 & 0 \end{pmatrix}$$

$$1 \quad \longleftrightarrow \quad I = \begin{pmatrix} 1 & 0 \\ 0 & 1 \end{pmatrix}$$

$$a \quad \longleftrightarrow \quad A = \begin{pmatrix} a & b \\ c & d \end{pmatrix}$$

$$a \neq 0 \quad \longleftrightarrow \quad ad - bc \neq 0$$

$$a^{-1} = \frac{1}{a} \quad \longleftrightarrow \quad A^{-1} = \frac{1}{ad-bc}\begin{pmatrix} d & -b \\ -c & a \end{pmatrix}$$

$$aa^{-1} = 1 \quad \longleftrightarrow \quad AA^{-1} = I$$

由梨：「好像！那哥哥，接著要創造什麼呢？」

「零和一，雖很相似卻又不同。」

## 從數的積創造出矩陣的積[*]

讓我們將數的乘積 $ax$ 推廣到矩陣的乘積 $AX$ 吧。

### 考慮硬幣的金額

錢包內有硬幣。
- 面額為 $a$ 日圓（1 枚硬幣的金額）。
- 個數為 $x$ 枚。
此時，錢包內硬幣的……
- 總金額為 $ax$ 日圓。

### 考慮硬幣的重量

錢包內有硬幣。
- 重量為 $b$ 克（1 枚硬幣的重量）。
- 個數為 $x$ 枚。
此時，錢包內硬幣的……
- 總重量為 $bx$ 克。

### 增加硬幣種類

增加硬幣的種類。
將其命名為硬幣 1 和硬幣 2。

---

[*] 參考 p.47。

- 硬幣 1 的面額為 $a_1$ 日圓，硬幣 2 的面額為 $a_2$ 日圓。
- 硬幣 1 的重量為 $b_1$ 克，硬幣 2 的重量為 $b_2$ 克。

錢包內有硬幣 1 和硬幣 2。
- 硬幣 1 有 $x_1$ 枚。
- 硬幣 2 有 $x_2$ 枚。

此時，錢包內硬幣的……
- 總金額為 $a_1x_1 + a_2x_2$ 日圓。
- 總重量為 $b_1x_1 + b_2x_2$ 克。

## 增加錢包

增加錢包數。

將其命名為錢包 $x$ 和錢包 $y$。
- 錢包 $x$ 內有硬幣 1 和硬幣 2。
    - 硬幣 1 有 $x_1$ 枚。
    - 硬幣 2 有 $x_2$ 枚。
- 錢包 $y$ 內有硬幣 1 和硬幣 2。
    - 硬幣 1 有 $y_1$ 枚。
    - 硬幣 2 有 $y_2$ 枚。

此時，
- 錢包 $x$ 內硬幣的……
    - 總金額為 $a_1x_1 + a_2x_2$ 日圓。
    - 總重量為 $b_1x_1 + b_2x_2$ 克。
- 錢包 $y$ 內硬幣的……
    - 總金額為 $a_1y_1 + a_2y_2$ 日圓。
    - 總重量為 $b_1y_1 + b_2y_2$ 克。

## 整理一下

統整上述所說，可寫成下表。

|  | 錢包 $x$ | 錢包 $y$ |
|---|---|---|
| 面額 $a$ | $a_1x_1 + a_2x_2$ | $a_1y_1 + a_2y_2$ |
| 重量 $b$ | $b_1x_1 + b_2x_2$ | $b_1y_1 + b_2y_2$ |

這個表可以改寫成以下矩陣。

$$\begin{pmatrix} a_1x_1 + a_2x_2 & a_1y_1 + a_2y_2 \\ b_1x_1 + b_2x_2 & b_1y_1 + b_2y_2 \end{pmatrix}$$

這種形式的矩陣可以用來定義矩陣的積。

$$\begin{pmatrix} a_1 & a_2 \\ b_1 & b_2 \end{pmatrix}\begin{pmatrix} x_1 & y_1 \\ x_2 & y_2 \end{pmatrix} = \begin{pmatrix} a_1x_1 + a_2x_2 & a_1y_1 + a_2y_2 \\ b_1x_1 + b_2x_2 & b_1y_1 + b_2y_2 \end{pmatrix}$$

這裡，我們設矩陣 $A$ 和矩陣 $X$ 如下。

$$A = \begin{pmatrix} a_1 & a_2 \\ b_1 & b_2 \end{pmatrix}, \quad X = \begin{pmatrix} x_1 & y_1 \\ x_2 & y_2 \end{pmatrix}$$

這麼一來，矩陣 $A$ 就表示「一枚硬幣的資訊」，而矩陣 $X$ 就表示「硬幣個數的資訊」。

於是，我們就可以將數的乘積 $ax$ 推廣至矩陣的乘積 $AX$。

## 一般化

為將其一般化，可將矩陣 $A$ 的元素全部寫成 $a_{jk}$ 的形式，將矩陣 $X$ 的元素全部寫成 $x_{jk}$ 的形式。

$$A = \begin{pmatrix} a_{11} & a_{12} \\ a_{21} & a_{22} \end{pmatrix}, \quad X = \begin{pmatrix} x_{11} & x_{12} \\ x_{21} & x_{22} \end{pmatrix}$$

故兩矩陣相乘可定義如下。

$$\begin{pmatrix} a_{11} & a_{12} \\ a_{21} & a_{22} \end{pmatrix}\begin{pmatrix} x_{11} & x_{12} \\ x_{21} & x_{22} \end{pmatrix} = \begin{pmatrix} a_{11}x_{11} + a_{12}x_{21} & a_{11}x_{12} + a_{12}x_{22} \\ a_{21}x_{11} + a_{22}x_{21} & a_{21}x_{12} + a_{22}x_{22} \end{pmatrix}$$

將其一般化後，可得 $m \times \ell$ 矩陣與 $\ell \times n$ 矩陣的乘積為一個 $m \times n$ 矩陣，如下所示。

$$\begin{pmatrix} a_{11} & a_{12} & \cdots & a_{1\ell} \\ a_{21} & a_{22} & \cdots & a_{2\ell} \\ \vdots & \vdots & \ddots & \vdots \\ a_{m1} & a_{m2} & \cdots & a_{m\ell} \end{pmatrix}\begin{pmatrix} x_{11} & x_{12} & \cdots & x_{1n} \\ x_{21} & x_{22} & \cdots & x_{2n} \\ \vdots & \vdots & \ddots & \vdots \\ x_{\ell 1} & x_{\ell 2} & \cdots & x_{\ell n} \end{pmatrix}$$

$$= \begin{pmatrix} a_{11}x_{11} + a_{12}x_{21} + \cdots + a_{1\ell}x_{\ell 1} & \cdots & a_{11}x_{1n} + a_{12}x_{2n} + \cdots + a_{1\ell}x_{\ell n} \\ a_{21}x_{11} + a_{22}x_{21} + \cdots + a_{2\ell}x_{\ell 1} & \cdots & a_{21}x_{1n} + a_{22}x_{2n} + \cdots + a_{2\ell}x_{\ell n} \\ \vdots & \ddots & \vdots \\ a_{m1}x_{11} + a_{m2}x_{21} + \cdots + a_{m\ell}x_{\ell 1} & \cdots & a_{m1}x_{1n} + a_{m2}x_{2n} + \cdots + a_{m\ell}x_{\ell n} \end{pmatrix}$$

## 第 2 章的問題

●問題 2-1（矩陣的積）

請計算①～⑨。

① $\begin{pmatrix} a & b \\ c & d \end{pmatrix} \begin{pmatrix} 1 & 0 \\ 0 & 1 \end{pmatrix}$

② $\begin{pmatrix} 1 & 0 \\ 0 & 1 \end{pmatrix} \begin{pmatrix} a & b \\ c & d \end{pmatrix}$

③ $\begin{pmatrix} a & b \\ c & d \end{pmatrix} \begin{pmatrix} 1 & 1 \\ 1 & 1 \end{pmatrix}$

④ $\begin{pmatrix} a & b \\ c & d \end{pmatrix} \begin{pmatrix} 1 & 2 \\ 1 & 2 \end{pmatrix}$

⑤ $\begin{pmatrix} a & b \\ c & d \end{pmatrix} \begin{pmatrix} 1 & 1 \\ 2 & 2 \end{pmatrix}$

⑥ $\begin{pmatrix} 1 & 1 \\ 1 & 1 \end{pmatrix} \begin{pmatrix} a & b \\ c & d \end{pmatrix}$

⑦ $\begin{pmatrix} 1 & 2 \\ 1 & 2 \end{pmatrix} \begin{pmatrix} a & b \\ c & d \end{pmatrix}$

⑧ $\begin{pmatrix} 1 & 1 \\ 2 & 2 \end{pmatrix} \begin{pmatrix} a & b \\ c & d \end{pmatrix}$

⑨ $\begin{pmatrix} a & b \\ c & d \end{pmatrix} \begin{pmatrix} a & b \\ c & d \end{pmatrix}$

（解答在 p.249）

●問題 2-2（和的定義可能性）

①～⑧中，可以定義和的式子有哪些？試求出這些和。

① $\begin{pmatrix} 1 & 2 \\ 3 & 4 \end{pmatrix} + \begin{pmatrix} 10 & 20 \\ 30 & 40 \end{pmatrix}$

② $\begin{pmatrix} 1 & 2 \\ 3 & 4 \end{pmatrix} + \begin{pmatrix} 10 & 20 \end{pmatrix}$

③ $\begin{pmatrix} 1 & 2 \\ 3 & 4 \end{pmatrix} + \begin{pmatrix} 10 \\ 20 \end{pmatrix}$

④ $\begin{pmatrix} 1 & 2 \\ 3 & 4 \end{pmatrix} + \begin{pmatrix} 10 & 20 & 30 \\ 40 & 50 & 60 \end{pmatrix}$

⑤ $\begin{pmatrix} 1 & 2 & 3 \\ 4 & 5 & 6 \end{pmatrix} + \begin{pmatrix} 10 & 20 \\ 30 & 40 \end{pmatrix}$

⑥ $\begin{pmatrix} 1 & 2 & 3 \\ 4 & 5 & 6 \end{pmatrix} + \begin{pmatrix} 10 & 20 & 30 \\ 40 & 50 & 60 \end{pmatrix}$

⑦ $\begin{pmatrix} 1 & 2 \\ 3 & 4 \\ 5 & 6 \end{pmatrix} + \begin{pmatrix} 10 & 20 & 30 \\ 40 & 50 & 60 \end{pmatrix}$

⑧ $\begin{pmatrix} 1 & 2 & 3 \\ 4 & 5 & 6 \end{pmatrix} + \begin{pmatrix} 10 & 20 \\ 30 & 40 \\ 50 & 60 \end{pmatrix}$

（解答在 p.253）

●問題 2-3（積的定義可能性）

①～⑧中，可以定義積的式子有哪些？試求出這些積。

① $\begin{pmatrix} 1 & 2 \\ 3 & 4 \end{pmatrix} \begin{pmatrix} 10 & 20 \\ 30 & 40 \end{pmatrix}$

② $\begin{pmatrix} 1 & 2 \\ 3 & 4 \end{pmatrix} \begin{pmatrix} 10 & 20 \end{pmatrix}$

③ $\begin{pmatrix} 1 & 2 \\ 3 & 4 \end{pmatrix} \begin{pmatrix} 10 \\ 20 \end{pmatrix}$

④ $\begin{pmatrix} 1 & 2 \\ 3 & 4 \end{pmatrix} \begin{pmatrix} 10 & 20 & 30 \\ 40 & 50 & 60 \end{pmatrix}$

⑤ $\begin{pmatrix} 1 & 2 & 3 \\ 4 & 5 & 6 \end{pmatrix} \begin{pmatrix} 10 & 20 \\ 30 & 40 \end{pmatrix}$

⑥ $\begin{pmatrix} 1 & 2 & 3 \\ 4 & 5 & 6 \end{pmatrix} \begin{pmatrix} 10 & 20 & 30 \\ 40 & 50 & 60 \end{pmatrix}$

⑦ $\begin{pmatrix} 1 & 2 \\ 3 & 4 \\ 5 & 6 \end{pmatrix} \begin{pmatrix} 10 & 20 & 30 \\ 40 & 50 & 60 \end{pmatrix}$

⑧ $\begin{pmatrix} 1 & 2 & 3 \\ 4 & 5 & 6 \end{pmatrix} \begin{pmatrix} 10 & 20 \\ 30 & 40 \\ 50 & 60 \end{pmatrix}$

（解答在 p.254）

●問題 2-4（3×3 矩陣的單位矩陣）

第 2 章中我們定義了 2×2 矩陣的單位矩陣。那麼 3×3 矩陣的單位矩陣又是長什麼樣子呢？

（解答在 p.258）

●問題 2-5（逆矩陣）

試求出①～③的逆矩陣。

① $\begin{pmatrix} 2 & 0 \\ 0 & 3 \end{pmatrix}$

② $\begin{pmatrix} 1 & 1 \\ 0 & 1 \end{pmatrix}$

③ $\begin{pmatrix} 0 & -1 \\ 1 & 0 \end{pmatrix}$

（解答在 p.259）

●問題 2-6（1×1 矩陣的逆矩陣）

試求出 1×1 矩陣 $(a)$ 的逆矩陣。

（解答在 p.261）

●問題 2-7（逆矩陣的逆矩陣）

試求出以下矩陣 $A$ 的逆矩陣 $A^{-1}$。

$$A = \frac{1}{ad-bc}\begin{pmatrix} d & -b \\ -c & a \end{pmatrix}$$

（解答在 p.262）

第 3 章

# 創造出 $i$

「如果有個東西看起來像鴨子、游起來像鴨子、叫起來像鴨子，
那這個東西應該就是一隻鴨子。」

（鴨子測試）

## 3.1 蒂蒂

　　這裡是高中的圖書室。現在是放學時間。我和蒂蒂正在
聊天。

我：「……我和由梨聊了這些東西。我們一起思考矩陣的和與
　　積，也聊到了零和一是什麼。接著還稍微談到了『數的世
　　界』與『矩陣的世界』之間的對應。」

蒂蒂：「太有趣了！」

　　蒂蒂雙手交握在胸前說道。她是小我一屆的學妹。是個很
有精神、很有好奇心的女孩。放學後，我們常在學校的圖書室
聊天。

我：「很有趣吧。」

蒂蒂：「不過，由梨真的很厲害耶！明明還是國中生，卻已經
　　開始學矩陣了。」

我：「只要別先入為主地認為『很困難』，或者是懷有『感覺好麻煩』的心情，其實矩陣的計算相當單純。蒂蒂也是很快就記起來了，不是嗎？」

蒂蒂：「啊，是的。之前學長有教過我矩陣，是會用到三角函數的旋轉矩陣*。」

我：「是啊是啊。」

蒂蒂：「是的。以圓點為中心，將點 $(a, b)$ 旋轉 $\theta$ 移到$(a', b')$時，$a'$ 和 $b'$可以由以下公式計算出來。」

$$\begin{cases} a' = a \cos\theta - b \sin\theta \\ b' = a \sin\theta + b \cos\theta \end{cases}$$

我：「嗯，是啊。」

蒂蒂：「然後，因為會出現『相乘、相乘、相加』的形式，所以可以寫成矩陣和向量的乘積。

$$\begin{pmatrix} a' \\ b' \end{pmatrix} = \begin{pmatrix} a\cos\theta - b\sin\theta \\ a\sin\theta + b\cos\theta \end{pmatrix} = \begin{pmatrix} \cos\theta & -\sin\theta \\ \sin\theta & \cos\theta \end{pmatrix}\begin{pmatrix} a \\ b \end{pmatrix}$$

聽到學長的話之後也讓我想到，向量 $\begin{pmatrix} a \\ b \end{pmatrix}$ 是不是也可以看成 $2\times 1$ 矩陣呢？」

我：「嗯。$\begin{pmatrix} \cos\theta & -\sin\theta \\ \sin\theta & \cos\theta \end{pmatrix}\begin{pmatrix} a \\ b \end{pmatrix}$ 可以看成矩陣和向量的乘積，也可以看成是兩個矩陣的乘積。」

蒂蒂：「第一次看到矩陣和向量的乘法時，我完全看不懂是在做什麼。因為我會一直執著在積這個字上。」

---

* 參考《數學女孩秘密筆記：圓圓的三角函數篇》（世茂出版）。

我：「原來如此。」

蒂蒂：「我看到積的時候會一直想到兩個數的乘積，沒辦法想像其它可能性。也沒辦法想像數以外的東西——譬如矩陣或向量要怎麼相乘。」

我：「思考如何演算數值以外的東西時，要是不習慣的話很容易混亂啊。」

蒂蒂：「聽了學長剛才的話之後，蒂蒂發現了一件事。」

我：「發現？」

蒂蒂：「是的。學長和小由梨定義了和並思考零是什麼，定義了積並思考一是什麼。要是沒有想過要怎麼演算，就不能確定每一個數、或者每一個矩陣的意義。在沒有任何規則的情況下，就算說這個是零、這個是一，也沒有意義，不是嗎？」

我：「原來如此，確實是這樣沒錯。」

蒂蒂：「要先有『委員會』，『委員長』才有意義。要先有『學生會』，『學生會長』和『副學生會長』才有意義……和這很像。」

我：「嗯。不管是數，還是矩陣，最後都會回歸到**集合**。我們會考慮數的集合或者是矩陣的集合，接著考慮這些集合的和或積，然後討論零和一是什麼。」

蒂蒂：「集合……」

## 3.2　交換律

我：「數和集合有很多相似的地方。比方說，矩陣和數一樣，都有和的交換律。」

和的交換律
對於任意 $2 \times 2$ 矩陣 $A$、$B$ 來說

$$A + B = B + A$$

皆成立。

蒂蒂：「是的。」

我：「矩陣中，雖然和的交換律成立，但積的交換律卻不成立。」

積的交換律
對於任意 $2 \times 2$ 矩陣 $A$、$B$ 來說

$$AB = BA$$

不一定成立。

蒂蒂：「交換律不一定成立……就是不能交換的意思嗎？」

她豎起雙手的食指，將左右手的食指交叉在一起。

我：「是啊。和的交換律在數和矩陣中都會成立。而積的交換律雖然在數的世界中會成立，在矩陣的世界中卻不一定成立。因為矩陣的世界中，$AB$ 和 $BA$ 不一定會相等，所以我們沒辦法將矩陣積 $AB$ 的 $A$ 和 $B$ 前後交換。」

蒂蒂：「如果是數的話，$ab=ba$ 沒錯，但若是矩陣，$AB \neq BA$ 嗎……咦？可是這樣很奇怪耶，學長。」

我：「哪裡奇怪？」

蒂蒂：「如果考慮單位矩陣 $I$，$IA$ 和 $AI$ 都會等於 $A$ 吧，這麼一來 $IA=AI$ 不是嗎？」

我：「啊啊，是這樣沒錯。確實 $IA=AI$ 會成立。剛才也說過，$AB$ 和 $BA$ 不一定會相等。不是『不相等』，而是『不一定相等』。所以說，$AB$ 和 $BA$ 也有可能會相等。當 $AB=BA$ 成立，我們會說 $A$ 和 $B$ 在積的運算中可交換。$I$ 和 $A$ 在積的運算中可交換沒錯，但也有許多在積的運算中不可交換的矩陣。」

蒂蒂：「原來是這樣啊……可交換。」

我：「積的交換律在數的世界中成立，即

$$對於任意數 \ a \ 、 b \ , \ ab=ba \ 皆成立。$$

也可以說，任意數 $a$、$b$ 的乘積運算皆可交換。」

蒂蒂：「『對於任意數』指的是『不管什麼數都行』的意思嗎？」

我：「是啊。至於『在 2×2 矩陣的乘積中交換律不成立』，這句話可以解釋如下：

　　並非對於任意 2×2 矩陣 *A*、*B*，$AB = BA$ 皆成立。」

蒂蒂：「咦？」

我：「不管 *A*、*B* 是什麼矩陣，$AB = BA$ 都正確！……這是錯的。換句話說，存在某些 *A*、*B*，會使 $AB = BA$ 不成立。即存在某些 *A*、*B*，使積的運算為不可換。」

蒂蒂：「只要有一組 *A*、*B* 使 $AB = BA$ 不成立，交換律就不成立了，是這樣嗎？」

我：「正是如此。和英語的『not all』很像吧？」

蒂蒂：「也就是部分否定的意思嗎……『並非所有東西都是○○』的意思。」

我：「是啊。『矩陣積的交換律不成立』就是這麼回事。並非對於所有 2×2 矩陣 *A*、*B*，$AB = BA$ 都會成立。」

蒂蒂：「我瞭解了！」

交換律（數）

和的交換律

對於任意數 $a$、$b$，

$$a + b = b + a$$

皆成立。

積的交換律

對於任意數 $a$、$b$，

$$ab = ba$$

皆成立。

交換律（矩陣）

和的交換律

對於任意 $2 \times 2$ 矩陣 $A$、$B$

$$A + B = B + A$$

皆成立。

積的交換律

對於任意 $2 \times 2$ 矩陣 $A$、$B$

$$AB = BA$$

<u>不一定</u>成立。

## 3.3　$AB \neq BA$ 的例子

我：「積的交換律在矩陣中不成立，所以 $AB=BA$ 不一定會成立。不過，就算 $AB=BA$ 成立也不會有問題。就拿單位矩陣 $I$ 來說，$IA=AI$，所以 $I$ 和 $A$ 可以交換。」

蒂蒂：「無法交換的矩陣 $A$、$B$ 會是什麼樣的矩陣呢？要滿足 $AB \neq BA$ 才行嗎？」

我：「嗯，不如我們試著來找找看滿足 $AB \neq BA$ 條件的矩陣 $A$、$B$ 吧！因為『舉例是理解的試金石』。」

---

小測驗

試找出一組 $2 \times 2$ 矩陣 $A$、$B$，滿足以下條件。

$$AB \neq BA$$

---

蒂蒂：「譬如說，$A = \begin{pmatrix} 1 & 1 \\ 0 & 0 \end{pmatrix}$、$B = \begin{pmatrix} 1 & 0 \\ 1 & 0 \end{pmatrix}$ 這樣可以嗎……

$$AB = \begin{pmatrix} 1 & 1 \\ 0 & 0 \end{pmatrix} \begin{pmatrix} 1 & 0 \\ 1 & 0 \end{pmatrix}$$

$$= \begin{pmatrix} 1 \times 1 + 1 \times 1 & 1 \times 0 + 1 \times 0 \\ 0 \times 1 + 0 \times 1 & 0 \times 0 + 0 \times 0 \end{pmatrix}$$

$$= \begin{pmatrix} 2 & 0 \\ 0 & 0 \end{pmatrix}$$

$$BA = \begin{pmatrix} 1 & 0 \\ 1 & 0 \end{pmatrix} \begin{pmatrix} 1 & 1 \\ 0 & 0 \end{pmatrix}$$

$$= \begin{pmatrix} 1 \times 1 + 0 \times 0 & 1 \times 1 + 0 \times 0 \\ 1 \times 1 + 0 \times 0 & 1 \times 1 + 0 \times 0 \end{pmatrix}$$

$$= \begin{pmatrix} 1 & 1 \\ 1 & 1 \end{pmatrix}$$

最後得到 $AB = \begin{pmatrix} 2 & 0 \\ 0 & 0 \end{pmatrix}$、$BA = \begin{pmatrix} 1 & 1 \\ 1 & 1 \end{pmatrix}$，所以 $AB \neq BA$。」

---

小測驗的答案（範例）

當 $A = \begin{pmatrix} 1 & 1 \\ 0 & 0 \end{pmatrix}$、$B = \begin{pmatrix} 1 & 0 \\ 1 & 0 \end{pmatrix}$ 時，

$$AB \neq BA$$

---

我：「沒錯！這樣我們就證明了積的交換律在矩陣的世界中不
　　會成立。蒂蒂所說的 $A = \begin{pmatrix} 1 & 1 \\ 0 & 0 \end{pmatrix}$、$B = \begin{pmatrix} 1 & 0 \\ 1 & 0 \end{pmatrix}$ 就是反例。雖然
　　矩陣和數很像，但矩陣的世界中，積的交換律不成立。因
　　此，某些適用於數的公式會不適用於矩陣。譬如說，數的
　　世界中有這樣的展開公式。」

$$(a + b)^2 = a^2 + 2ab + b^2$$

蒂蒂：「嗯，是啊。」

我：「這個展開公式的意思是，對於任意數 $a$、$b$，
$(a + b)^2 = a^2 + 2ab + b^2$ 皆成立。但這個展開公式卻不一定
適用於矩陣 $A$、$B$。」

$$(A + B)^2 = A^2 + 2AB + B^2$$

**不一定適用於矩陣！**

蒂蒂：「這表示，矩陣世界中的公式需要重新推導一遍，重新
背一次才行嗎？那還真是大工程呢⋯⋯」

我：「不是的，只要回想一下當初推得這個公式的方法，就沒
有那麼困難囉！妳看，$(a + b)^2$ 的公式是這樣得到的。」

$$
\begin{aligned}
(a + b)^2 &= (a + b)(a + b) &&\text{由平方的意義} \\
&= \boxed{(a + b)}(a + b) &&\text{把焦點放在被乘數} \\
&= \boxed{(a + b)}a + \boxed{(a + b)}b &&\text{拆開括號} \\
&= (a + b)\boxed{a} + (a + b)\boxed{b} &&\text{把焦點放在乘數} \\
&= a\boxed{a} + b\boxed{a} + a\boxed{b} + b\boxed{b} &&\text{拆開括號} \\
&= aa + \boxed{ab} + ab + bb &&\text{由積的交換律 } ab = ba \\
&= aa + 2ab + bb &&\text{將兩個 } ab \text{ 整合成 } 2ab \\
&= a^2 + 2ab + b^2 &&\text{由平方的意義}
\end{aligned}
$$

蒂蒂：「原來如此。因為積的交換律適用於數的世界，所以中間才可以把 $ba$ 改寫成 $ab$，最後得到我們看到的公式。」

我：「是啊。數的世界中可以這樣做。但積的交換律卻不能用在矩陣的世界中。因此，$(a + b)^2 = a^2 + 2ab + b^2$ 這個公式不能用在矩陣上。」

蒂蒂：「那該用什麼樣的公式才行呢？」

我：「就算計算出 $BA + AB$，也沒辦法將其合成為 $2AB$。所以在矩陣的世界中就會變成這樣。」

$$
(A + B)^2 = A^2 + BA + AB + B^2
$$

蒂蒂：「啊！就是讓 $BA$ 和 $AB$ 維持原樣嗎？可是，要是 $BA$ 和 $AB$ 沒有合而為一，總覺得不痛快。」

我：「嗯，是這樣沒錯。」

蒂蒂：「而且，在數的計算中，我常會在無意識間把 $ba + ab$
　　　結合成 $2ab$，所以計算矩陣的時候需要特別注意才行。因
　　　為 $BA + AB$ 不一定會等於 $2AB$……」

## 3.4　分配律

我：「對了，蒂蒂有注意到嗎？剛才我們談到了矩陣 $(A + B)^2$
　　$= A^2 + BA + AB + B^2$ 這個公式。事實上，我們可以用其它計
　　算規則得到這個公式喔！」

蒂蒂：「用交換律以外的規則嗎？」

我：「是啊。拿掉括號的時候會用到分配律吧？就像這樣。」

$$
\begin{aligned}
(A + B)^2 &= (A + B)(A + B) && \text{由平方的意義} \\
&= (A + B)A + (A + B)B && \text{拿掉括號（分配律）} \\
&= AA + BA + AB + BB && \text{拿掉括號（分配律）} \\
&= A^2 + BA + AB + B^2 && \text{由平方的意義}
\end{aligned}
$$

蒂蒂：「啊……用分配律嗎？」

我：「是啊。首先將左邊的$(A + B)$分配給右邊的 $A$ 和 $B$。」

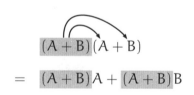

蒂蒂：「是的。接著再將兩個括號右邊的 $A$ 和 $B$ 分別分配給括號內的 $A$ 和 $B$。」

$$(A + B)A + (A + B)B$$
$$= \quad AA + BA + AB + BB$$

我：「嗯，分配律會在矩陣的世界中成立，所以我們可以得到和數的世界中類似的公式。不過積的交換律不會在矩陣的世界中成立，所以不會得到和數的世界中完全一樣的公式。」

蒂蒂：「分配律……說到分配律，會讓人覺得是為了將數提出括號的規則耶。」

我：「讓我們仔細想想看吧！首先，分配律中會出現兩種運算。這裡用到的是加法（＋）和乘法（×）。雖然我們省略了乘法的符號×。」

蒂蒂：「嗯，我知道。」

分配律

對於任意數 *a*、*b*、*c*，以下等式成立。

$$a(b + c) = ab + ac$$
$$(a + b)c = ac + bc$$

對於任意 2×2 矩陣 *A*、*B*、*C*，以下等式成立。

$$A(B + C) = AB + AC$$
$$(A + B)C = AC + BC$$

我：「分配律這個名字取得真不錯。拿 $(A + B)C$ 來說，就是把括弧外的 *C* 分配給 *A* 和 *B*。」

$$(A + B)C = AC + BC$$

蒂蒂：「……」

我：「蒂蒂？」

蒂蒂：「咦、啊……學長，分配律本身是沒什麼問題，但有件事讓我有些在意。」

我：「什麼事呢？」

蒂蒂：「在矩陣的世界中，如果要證明交換律不會成立，只要提出反例確認就可以了，對吧？只要提出一組 *A*、*B*，使 *AB* ≠ *BA*，就可以證明積的交換律不成立了。」

我：「是啊，沒錯。」

蒂蒂：「但是，如果要證明矩陣的分配律成立，該怎麼做才好呢？如果只是提出一組實際的矩陣 $A$、$B$、$C$，說這組矩陣滿足 $(A + B)C = AC + BC$，這樣也不足以證明分配律成立吧？」

我：「啊，原來如此。妳說得沒錯。如果只提出一組 $A$、$B$、$C$，確認 $(A + B)C = AC + BC$，仍不足以證明分配律。因為這並沒有證明對於任意矩陣來說，分配律都成立。」

蒂蒂：「那該怎麼辦呢？」

我：「很簡單，只要用**矩陣的元素**來證明就可以了。」

蒂蒂：「用元素？」

我：「嗯，蒂蒂現在想證明的是，對於任意 $2 \times 2$ 矩陣 $A$、$B$、$C$ 來說，$(A + B)C = AC + BC$ 皆成立，對吧？」

蒂蒂：「對啊。」

我：「這樣的話，把 $A$、$B$、$C$ 寫成一般化的形式即可。譬如說，我們可以用代數來表示 $A$ 的元素，寫成 $A = \begin{pmatrix} a_{11} & a_{12} \\ a_{21} & a_{22} \end{pmatrix}$ 的形式，$B$ 和 $C$ 也一樣用代數來表示其元素。接著再依照定義分別算出 $(A + B)C$ 和 $AC + BC$ 即可。」

蒂蒂：「……」

我：「然後確認矩陣 $(A + B)C$ 和矩陣 $AC + BC$ 是否相等——也就是對應的元素是否相等。這樣就可以證明分配律

$(A + B)C = AC + BC$ 了。妳知道為什麼這樣就能證明出來了嗎？」

蒂蒂：「因為用了文字代數！我們用了文字來表示元素！」

我：「沒錯。用文字來表示元素，就可以確認一般情況下的矩陣情況了。因此，不管實際上矩陣的元素是多少，$(A + B)C = AC + BC$ 都會成立。」

蒂蒂：「很抱歉問了很理所當然的事。」

我：「不，完全不需要道歉喔。」

蒂蒂：「看來『用文字來表示』是很重要的方法呢！」

---

## 3.5 結合律

我：「交換律、分配律，再來還有結合律。」

蒂蒂：「結合律……」

我：「嗯。對於任意 $2 \times 2$ 矩陣 $A, B, C$，以下等式皆成立。

$$(AB)C = A(BC)$$ 」

蒂蒂：「這也和數的結合律一樣耶。對於任意數 $a$、$b$、$c$，以下等式皆成立。

$$(ab)c = a(bc)$$

我：「是啊。」

蒂蒂：「可是，感覺 $(AB)C = A(BC)$ 好像沒什麼用處耶！」

我：「咦！為什麼呢？」

蒂蒂：「那、那個，因為這似乎不會出現在展開的公式……」

我：「因為有結合律，所以我們才能把矩陣 $A$、$B$、$C$ 的積寫成 $ABC$ 喔。」

蒂蒂：「寫成 $ABC$……是指？」

我：「矩陣的積只有定義兩個矩陣相乘的情況而已，並沒有定義 $ABC$ 這三個矩陣乘在一起時要怎麼算。所以說，我們並不確定 $ABC$ 要照以下兩種方法中的哪種方法計算……」

- 將 $AB$ 乘上 $C$，也就是 $(AB)C$，或者是
- 將 $A$ 乘上 $BC$，也就是 $A(BC)$

蒂蒂：「……」

我：「不過，只要套用結合律就解決了。因為 $(AB)C = A(BC)$，所以我們可以**省略括弧**，寫成 $ABC$，也不致讓人誤會。換言之，拜結合律之賜，我們才能夠寫成 $ABC$。」

蒂蒂：「原來如此！……可是，能省略括號，好像也沒什麼大不了吧？」

我：「沒有那回事喔。計算時我們可以多次使用結合律。以矩陣 *A*、*B*、*C*、*D* 為例，我們計算這些矩陣的乘積時，可以用 (*AB*)(*CD*) 的方式計算，也可以用 *A*((*BC*)*D*)、(*A*(*BC*))*D* 的方式計算，計算的方式相當多。因為有結合律，所以我們可以放心寫成 *ABCD* 的樣子，並依照自己喜歡的順序計算。可以先算 *AB*，也可以先算 *BC*。這是很重要的事喔。」

蒂蒂：「請等一下，學長。矩陣中 *AB* ＝ *BA* 不一定會成立喔！」

我：「嗯，怎麼了嗎？」

蒂蒂：「既然如此，還可以照自己喜歡的順序計算嗎？」

我：「咦……啊，蒂蒂應該是搞混交換律和結合律囉！讓我們仔細再看一遍 (*AB*)*C* 和 *A*(*BC*) 的差別，應該就能弄清楚了。

- (*AB*)*C* 是將 *AB* 相乘的結果乘上 *C*。
- *A*(*BC*) 是將 *A* 乘上 *BC* 相乘的結果。

我們可以先算 *AB*，也可以先算 *BC*，這個順序可以任意決定。但不能交換相乘矩陣的左右位置。不能把 *AB* 變成 *BA*，也不能把 *BC* 變成 *CB*。」

蒂蒂：「啊，確實如此耶。是我誤會了……」

我：「而且啊……」

蒂蒂：「……等等，請等一下。『因為有結合律，所以可以寫成 *ABC*』這時我們是把 *A*、*B*、*C* 乘在一起嗎？」

我：「嗯，因為這是 *A*、*B*、*C* 的積。」

蒂蒂：「這樣的話，$A + B + C$ 也一樣嗎？因為有結合律，所以可以寫成 $A + B + C$。」

我：「說得對！因為和的結合律成立，所以 $A$、$B$、$C$ 的和就算不寫成 $(A + B) + C$ 或 $A + (B + C)$ 也不至於計算錯誤。」

蒂蒂：「那我懂了！」

---

**結合律**

對於任意數 $a$、$b$、$c$，以下等式成立。

$$(a + b) + c = a + (b + c)$$
$$(ab)c = a(bc)$$

對於任意 $2 \times 2$ 矩陣 $A$、$B$、$C$，以下等式成立。

$$(A + B) + C = A + (B + C)$$
$$(AB)C = A(BC)$$

---

我：「因為積的結合律成立，所以矩陣也可以寫成乘冪的形式。在結合律成立的情況下，$((A(A(BC)))C)((CB)B)$ 這種矩陣乘法的計算，可以直接寫成 $AABCCCBB$，還可以將連續的相同矩陣結合起來，寫成 $A^2BC^3B^2$。」

$$((A(A(BC)))C)((CB)B) = AABCCCBB = A^2BC^3B^2$$

蒂蒂：「原來如此。」

我：「不過，因為交換律不成立，所以 *AABCCCBB* 不能寫成 $A^2B^3C^3$。」

蒂蒂：「重點在於不能單純只算有幾個，而是要看同一個矩陣連續出現幾次。因為積的交換律不成立⋯⋯啊，如果是我的話應該就會不小心寫成 $A^2B^3C^3$ 了。」

我：「矩陣也有**指數律**喔。譬如說，

$$A^2A^3 = (AA)(AAA) = AAAAA = A^5$$

以上等式成立，是因為我們可以把 *A* 的指數直接相加，如下所示。」

$$A^2A^3 = A^{2+3} = A^5$$

蒂蒂：「原來如此。將兩個相乘的矩陣和三個相乘的矩陣乘在一起，就相當於將 2 + 3 個矩陣相乘在一起。」

我：「就是這樣、就是這樣。而且，為了滿足指數律，矩陣 *A* 的 0 次方會定義成單位矩陣。也就是

$$A^0 = I$$

這也和數 *a* 的 0 次方等於 1 的定義很像。」

蒂蒂：「請等一下。定義 $A^0 = I$，是為了要滿足指數律嗎？」

我：「嗯，是啊。定義 $A^0 = I$ 之後，可以得到

$$A^2A^0 = A^2I = A^2$$

再由指數律，可以寫成下面這個樣子。

$$A^2A^0 = A^{2+0} = A^2$$

也就是說『矩陣 $A$ 乘上單位矩陣後，還是矩陣 $A$』這個概念可以對應到『指數加上 0 之後，還是同一個指數』的概念。」

蒂蒂：「這樣啊……」

---

## 3.6 矩陣可以表示什麼呢？

我：「瞭解交換律、分配律、結合律之後，矩陣的計算就沒那麼困難囉！計算矩陣時要注意的只有『積的交換律不成立』這點而已。」

蒂蒂：「……」

我：「不用那麼擔心會計算錯誤啦。」

蒂蒂：「不，我不是擔心計算錯誤，我在意的是別的事。」

我：「別的事？」

蒂蒂：「是的……就是啊，積的交換律不會在矩陣的世界中成立。不過，這是因為我們把矩陣設計成這個樣子的關係吧。既然如此，那不是理所當然的嗎？」

我：「嗯？蒂蒂現在的問題是什麼呢？」

蒂蒂：「非、非常抱歉。我覺得我果然還是沒有很清楚矩陣的
意義。矩陣是排成一列列的數。每個數稱做元素。和與積
的定義、各式各樣的規則……這些我都能理解。但總有種
『So what?』（那又怎樣？）的感覺。」

我：「……」

蒂蒂：「特別創造出一種和數不一樣的東西，然後確認積的交
換律會不會在這種東西間成立……這就好像是為了計算而
故意弄出一堆複雜的計算題一樣。」

我：「嗯……不過，我覺得這樣也很有趣不是嗎？考慮一種和
數很相似的東西，把它叫做矩陣，然後用矩陣來進行各種
運算。因為數和矩陣很像，所以可以進行各種運算，但積
的交換律卻不會在矩陣的世界中成立。而且，在數的世界
中，$ab = 0$ 時，可以得到 $a = 0$ 或 $b = 0$，但矩陣卻不一定
如此……我覺得確認這些事也很有趣喔。」

蒂蒂：「是的。我也覺得這很有趣。可是，就像數可以表示東
西的個數或量一樣，我會想到——矩陣是不是也能用來表
示些什麼呢？三顆球可以用 3 來表示，那有什麼東西可以
用矩陣來表示呢？」

我：「啊，原來如此。譬如剛才蒂蒂提到的旋轉矩陣就是一個
例子喔。旋轉矩陣可以說是『能夠旋轉』座標平面上的點
的東西。這就是『矩陣所表示的東西』不是嗎？」

蒂蒂：「真的耶！我想到我們之前曾經用旋轉矩陣的積來表示

和角公式了！\*果然矩陣可以用來表示某些『東西』。這讓我比較安心了。」

---

## 3.7 創造出 *i*

我：「矩陣中也有許多和數很相似的『東西』喔。舉幾個簡單的例子，譬如和 1 很像的單位矩陣 $I = \begin{pmatrix} 1 & 0 \\ 0 & 1 \end{pmatrix}$，以及和 0 很像的零矩陣 $O = \begin{pmatrix} 0 & 0 \\ 0 & 0 \end{pmatrix}$。」

蒂蒂：「是啊，真的是這樣。那麼，$-I$ 就是和 $-1$ 很像的矩陣囉？」

我：「是啊。$-I$ 可以想成是 $-1I$，也就是將單位矩陣 $I$ 的元素都乘上 $-1$。」

$$I = \begin{pmatrix} 1 & 0 \\ 0 & 1 \end{pmatrix}$$

$$-I = \begin{pmatrix} -1 & 0 \\ 0 & -1 \end{pmatrix}$$

蒂蒂：「$-1$ 對應到 $\begin{pmatrix} -1 & 0 \\ 0 & -1 \end{pmatrix}$，那麼**虛數單位** *i* 是不是也對應到 $\begin{pmatrix} i & 0 \\ 0 & i \end{pmatrix}$ 呢？」

我：「咦？」

蒂蒂：「就是虛數單位的 *i* 啊。*I* 是平方後會等於 $-1$ 的數對吧。這樣的話，感覺和 *i* 對應的矩陣應該是 $\begin{pmatrix} i & 0 \\ 0 & i \end{pmatrix}$ 吧？$\begin{pmatrix} i & 0 \\ 0 & i \end{pmatrix}$

---

\* 參考《數學女孩秘密筆記：圓圓的三角函數篇》（世茂出版）。

平方之後確實也是 $\begin{pmatrix} -1 & 0 \\ 0 & -1 \end{pmatrix}$。」

$$\begin{pmatrix} i & 0 \\ 0 & i \end{pmatrix}^2 = \begin{pmatrix} i & 0 \\ 0 & i \end{pmatrix}\begin{pmatrix} i & 0 \\ 0 & i \end{pmatrix}$$

$$= \begin{pmatrix} i \times i + 0 \times 0 & i \times 0 + 0 \times i \\ 0 \times i + i \times 0 & 0 \times 0 + i \times i \end{pmatrix}$$

$$= \begin{pmatrix} i^2 + 0 & 0 + 0 \\ 0 + 0 & 0 + i^2 \end{pmatrix}$$

$$= \begin{pmatrix} i^2 & 0 \\ 0 & i^2 \end{pmatrix}$$

$$= \begin{pmatrix} -1 & 0 \\ 0 & -1 \end{pmatrix}$$

我：「等一下，蒂蒂。妳的計算是對的，$\begin{pmatrix} i & 0 \\ 0 & i \end{pmatrix}$ 平方之後確實會得到 $\begin{pmatrix} -1 & 0 \\ 0 & -1 \end{pmatrix}$，也就是 $-I$，要說它是對應虛數單位 $i$ 的矩陣也沒什麼問題，但是……」

蒂蒂：「但是？」

我：「但是，在我們寫出 $\begin{pmatrix} i & 0 \\ 0 & i \end{pmatrix}$ 這個矩陣時，會用到複數的元素，因為虛數單位 $i$ 是複數。」

蒂蒂：「嗯，這樣不行嗎？」

我：「不是不行。不過我在想的是，我們能不能只用實數就寫出有同樣性質的矩陣呢？……蒂蒂！」

蒂蒂：「是的！……怎麼了嗎？」

我：「蒂蒂發現了一個很有趣的問題呢！」

> **問題 3-1**（與虛數單位 $i$ 類似的矩陣）
>
> 令 $I = \begin{pmatrix} 1 & 0 \\ 0 & 1 \end{pmatrix}$，試求滿足以下等式的 $2 \times 2$ 矩陣 $J$。
>
> $$J^2 = -I$$
>
> 其中，$J$ 為**實矩陣**。

蒂蒂：「實矩陣？」

我：「元素全都是實數的矩陣，就叫做實矩陣。蒂蒂剛才說的 $\begin{pmatrix} i & 0 \\ 0 & i \end{pmatrix}$ 中，元素 $i$ 是複數，所以這不是實矩陣。」

蒂蒂：「嗯，是這樣沒錯。」

我：「虛數單位 $i$ 平方後等於 $-1$。依照這個模式，要是有某個矩陣 $J$ 在平方之後會等於 $-I$，那麼 $J$ 就是一個相當於虛數單位 $i$ 的矩陣了對吧？蒂蒂剛才提到的 $\begin{pmatrix} i & 0 \\ 0 & i \end{pmatrix}$ 在平方以後確實會得到 $-I$。不過呢，如果限制矩陣的元素為實數——也就是在實矩陣的條件下——能不能找到一個矩陣在平方之後會得到 $-I$ 呢？這就是問題 3-1。」

蒂蒂：「……」

我：「$I$ 這個文字代號已經用來表示單位矩陣了，所以這裡我們改用 $J$ 來代表平方以後會得到 $-I$ 的矩陣。不過，如果我們是用 $E$ 來表示單位矩陣，就能像虛數單位一樣，用 $I$ 來表示類似虛數單位的矩陣了。」

蒂蒂：「原來如此！這就是『假設情況』吧！」

我：「假設的情況是指？」

蒂蒂：「就是指數學上的比喻喔，假設有一個類似虛數單位的矩陣的『假設情況』。」

我：「蒂蒂說的話很有趣呢……」

## 3.8　求出 $J$

蒂蒂：「要怎麼找出滿足 $J^2 = -I$ 的 $J$ 呢？」

我：「蒂蒂應該知道怎麼做不是嗎？」

蒂蒂：「計算每個元素？」

我：「是啊。這麼做一定可以求出答案。」

蒂蒂：「我、我試試看！令 $J = \begin{pmatrix} a & b \\ c & d \end{pmatrix}$，然後再求出 $a$、$b$、$c$、$d$ 是多少就可以了吧……」

$$
\begin{aligned}
J^2 &= JJ \\
&= \begin{pmatrix} a & b \\ c & d \end{pmatrix} \begin{pmatrix} a & b \\ c & d \end{pmatrix} \\
&= \begin{pmatrix} aa + bc & ab + bd \\ ca + dc & cb + dd \end{pmatrix} \\
&= \begin{pmatrix} a^2 + bc & ab + bd \\ ca + dc & cb + d^2 \end{pmatrix}
\end{aligned}
$$

我：「嗯，然後令這個矩陣等於 $-I$……」

蒂蒂：「這樣嗎？」

$$\begin{pmatrix} a^2 + bc & ab + bd \\ ca + dc & cb + d^2 \end{pmatrix} = \begin{pmatrix} -1 & 0 \\ 0 & -1 \end{pmatrix}$$

我：「接下來就會變成 $a$、$b$、$c$、$d$ 的聯立方程式。」

---

求 $J$ 時要解的方程式（其一）

$$\begin{cases} a^2 + bc = -1 & \cdots① \\ ab + bd = 0 & \cdots② \\ ca + dc = 0 & \cdots③ \\ cb + d^2 = -1 & \cdots④ \end{cases}$$

---

我：「雖然未知數有 $a$、$b$、$c$、$d$ 四個，不過等式也有四個，所以或許能解出來？首先從 $=0$ 的式子下手吧。」

蒂蒂：「好的。②是 $ab + bd = 0$，可以改寫成 $b(a+d) = 0$，最後得到 $b = 0$ 或 $a + d = 0$。」

我：「看來 $b = 0$ 應該不是答案喔，蒂蒂。」

蒂蒂：「咦！？為什麼呢？」

我：「因為妳看，①式中 $a^2 + bc = -1$，要是 $b = 0$ 的話，會得到 $a^2 = -1$，但我們一開始就假設 $a$ 是實數了，所以平方後不可能會等於 $-1$。」

蒂蒂：「啊，請不要先講出來啦！……這樣的話，因為 $b \neq 0$，所以我們能從②式中獲得的資訊就是 $a + d = 0$ 囉。再來用同樣的方法解③式，因為 $ca + dc = 0$，故 $c(a + d) = 0$，所以得到 $c = 0$ 或 $a + d = 0$。但如果 $c = 0$，由④式的 $cb + d^2 = -1$ 可以得到 $d^2 = -1$，這樣 $d$ 就不是實數了，所以 $c \neq 0$。」

我：「$a + d = 0$，即 $d = -a$，故由④可以得到 $cb + a^2 = -1$。這其實和①是同一個式子。所以聯立方程式可以整理如下。」

---

求 J 時要解的方程式（其二）

$$\begin{cases} a^2 + bc = -1 & \cdots ① \\ a + d = 0 & \cdots ②' \end{cases}$$

---

蒂蒂：「是的。」

我：「未知數有四個，但式子只有兩條，所以最後會留下兩個未知數吧。$a^2 + bc = -1$ 在 $b \neq 0$ 的情況下可以得到 $c = -\dfrac{a^2 + 1}{b}$。到這裡，我們就可以用 $a$、$b$ 兩個未知數來表示 $c$、$d$ 了。」

$$J = \begin{pmatrix} a & b \\ c & d \end{pmatrix} = \begin{pmatrix} a & b \\ -\dfrac{a^2 + 1}{b} & -a \end{pmatrix}$$

蒂蒂：「這個矩陣平方之後真的可以得到 $-I$ 嗎？」

我：「驗算一下就知道平方之後會不會得到 $-I$ 囉。」

$$J^2 = \begin{pmatrix} a & b \\ -\frac{a^2+1}{b} & -a \end{pmatrix} \begin{pmatrix} a & b \\ -\frac{a^2+1}{b} & -a \end{pmatrix}$$

$$= \begin{pmatrix} a^2 - b \cdot \frac{a^2+1}{b} & ab - ba \\ -\frac{a^2+1}{b} \cdot a + a \cdot \frac{a^2+1}{b} & -\frac{a^2+1}{b} \cdot b + a^2 \end{pmatrix}$$

$$= \begin{pmatrix} -1 & 0 \\ 0 & -1 \end{pmatrix}$$

蒂蒂：「真的會得到 $-I$ 耶……」

---

**解答 3-1**（與虛數單位 $i$ 類似的矩陣）

令矩陣 $J$ 為元素全為實數的 $2 \times 2$ 矩陣為

$$J = \begin{pmatrix} a & b \\ -\frac{a^2+1}{b} & -a \end{pmatrix}$$

其中，$a$ 為實數、$b$ 為非 0 實數，則 $J$ 會滿足以下等式。

$$J^2 = -I$$

其中，$I = \begin{pmatrix} 1 & 0 \\ 0 & 1 \end{pmatrix}$。

---

蒂蒂：「是的……可是，這樣我們還是不知道 $J$ 是什麼樣的矩陣不是嗎？雖然知道元素是多少，但還是不曉得這有什麼意義。」

我：「嗯，確實如此。」

## 3.9　米爾迦

　　我和蒂蒂在圖書室內討論數學時,我的同班同學——米爾迦也加入了我們。她不僅是能和我們一起愉快討論數學的夥伴,也像是個領導者般引領著我們。

米爾迦:「今天討論的是什麼問題呢?」

蒂蒂:「啊,米爾迦學姊!」

我:「我們在嘗試寫出像虛數單位 $i$ 般的矩陣喔,現在正在計算中。」

米爾迦:「嗯……」

　　她輕輕甩動黑色長髮,低頭閱讀蒂蒂的筆記。

蒂蒂:「我們已經求出滿足 $J^2 = -I$ 的矩陣 $J$ 有哪些元素了……」

$$J = \begin{pmatrix} a & b \\ -\frac{a^2+1}{b} & -a \end{pmatrix}$$

米爾迦:「$J^2$ 計算後確實會得到 $-I$。」

蒂蒂:「是的。剛才我們驗算過了。不過我們還是不曉得 $J$ 代表了什麼意義……」

米爾迦:「都已經整理成 $a$、$b$ 這兩個參數了,不如試著寫出具體的例子看看吧。譬如令 $a = 0$、$b = -1$。」

蒂蒂:「令 $a$ 為 0、$b$ 為 $-1$,

$$J = \begin{pmatrix} a & b \\ -\frac{a^2+1}{b} & -a \end{pmatrix} = \begin{pmatrix} 0 & -1 \\ 1 & 0 \end{pmatrix}$$

是這個樣子嗎？」

米爾迦：「如果是這個 $J$ 就很好理解了。」

蒂蒂：「為什麼呢？」

我：「什麼意思呢？」

米爾迦：「把 $I$、$J$、$-I$、$-J$ 排在一起就知道了。」

$$I = \begin{pmatrix} 1 & 0 \\ 0 & 1 \end{pmatrix}$$

$$J = \begin{pmatrix} 0 & -1 \\ 1 & 0 \end{pmatrix}$$

$$-I = \begin{pmatrix} -1 & 0 \\ 0 & -1 \end{pmatrix}$$

$$-J = \begin{pmatrix} 0 & 1 \\ -1 & 0 \end{pmatrix}$$

蒂蒂：「這四個矩陣排在一起有什麼意義嗎？」

米爾迦：「寫成 $J^n$ 的形式應該比較好理解吧。可以看到元素反覆出現。」

$$J^0 = \begin{pmatrix} 1 & 0 \\ 0 & 1 \end{pmatrix}$$

$$J^1 = \begin{pmatrix} 0 & -1 \\ 1 & 0 \end{pmatrix}$$

$$J^2 = \begin{pmatrix} -1 & 0 \\ 0 & -1 \end{pmatrix}$$

$$J^3 = \begin{pmatrix} 0 & 1 \\ -1 & 0 \end{pmatrix}$$

蒂蒂:「元素反覆出現……」

我:「這是……」

米爾迦:「而 $J^4$ 就是這樣。」

$$J^4 = \begin{pmatrix} 1 & 0 \\ 0 & 1 \end{pmatrix} = I$$

我:「四次方之後變回 $I$ ！是旋轉矩陣嗎！」

蒂蒂:「怎麼了嗎？」

我:「$J$ 是可以把點旋轉 $\frac{\pi}{2}$ rad，也就是 90°的旋轉矩陣喔！」

$$J = \begin{pmatrix} \cos \frac{\pi}{2} & -\sin \frac{\pi}{2} \\ \sin \frac{\pi}{2} & \cos \frac{\pi}{2} \end{pmatrix} = \begin{pmatrix} 0 & -1 \\ 1 & 0 \end{pmatrix}$$

米爾迦:「看起來是這樣沒錯。」

蒂蒂:「虛數單位 $i$ 所對應的矩陣是 $\frac{\pi}{2}$ 的旋轉矩陣嗎！」

我:「真是有趣！」

## 3.10 複數

米爾迦：「談到 1 和 $i$，就會讓人想試著創造出複數呢！」

蒂蒂：「創造複數？」

米爾迦：「複數可以用實數 $p$、$q$ 寫成這種形式

$$p + qi$$

而這可以看成以下形式。

$$p \cdot 1 + q \cdot i \quad \text{」}$$

我：「所以？」

米爾迦：「$p$ 倍後的 1 與 $q$ 倍後的 $i$ 相加，便可得到複數。」

我：「也就是把 1 當成『實數單位』吧。雖然我們不會特別定義實數單位。」

米爾迦：「就像 $p + qi$ 一樣，我們也可以試著討論 $pI + qJ$。」

我：「就是把 $pI + qJ$ 視為複數 $p + qi$ 對應的矩陣嗎！」

「數的世界」　　　「矩陣的世界」

$$p + qi \quad \longleftrightarrow \quad pI + qJ$$

蒂蒂：「這該不會是指，矩陣可以用來表示任何複數吧？」

米爾迦：「讓我們在矩陣的世界中跳一段 $\omega$ 的圓舞曲吧\*。」

---

**問題 3-2**（三次方後會得到單位矩陣的矩陣）

令 $I = \begin{pmatrix} 1 & 0 \\ 0 & 1 \end{pmatrix}$、$J = \begin{pmatrix} 0 & -1 \\ 1 & 0 \end{pmatrix}$，$p$、$q$ 為實數，考慮 $2 \times 2$ 矩陣 $X$ 如下。

$$X = pI + qJ$$

當 $X$ 滿足以下等式時，試求 $p$ 和 $q$ 的值。

$$X^3 = I$$

---

蒂蒂：「$\omega$……？」

我：「三次方之後會得到 1 的複數不只一個。除了 1，其中一個滿足這個條件的複數就被稱做 $\omega$。換言之，$\omega^3 = 1$。」

米爾迦：「$X^3 = I$ 是 $x^3 = 1$ 這個方程式的相似物。」

$$\begin{array}{ccc} \text{「數的世界」} & & \text{「矩陣的世界」} \\ x^3 = 1 & \longleftrightarrow & X^3 = I \end{array}$$

蒂蒂：「$X^3 = I$，表示

$$(pI + qJ)^3 = I$$

這個等式會成立。嗯，如果寫出元素，就會變成這樣

---

\* $\omega$ 的圓舞曲請參考《數學少女》（青文出版）。

$$\left( p \begin{pmatrix} 1 & 0 \\ 0 & 1 \end{pmatrix} + q \begin{pmatrix} 0 & -1 \\ 1 & 0 \end{pmatrix} \right)^3 = \begin{pmatrix} 1 & 0 \\ 0 & 1 \end{pmatrix}$$

然後得到

$$\begin{pmatrix} p & -q \\ q & p \end{pmatrix}^3 = \begin{pmatrix} 1 & 0 \\ 0 & 1 \end{pmatrix}$$

對吧？我馬上開始算……」

我：「不，蒂蒂等一下。不需要馬上就計算元素之間的相乘喔。
我們可以先用公式拆開 $(pI + qJ)^3$，這樣會比較好算。拆開
後可以得到以下形式的式子。

$$(a + b)^3 = a^3 + 3a^2b + 3ab^2 + b^3 \quad \text{」}$$

蒂蒂：「可是，積的交換律不會在矩陣中成立不是嗎？這樣的
話，不就不能用數的公式了嗎？」

我：「不不，這個例子中沒有關係。因為式中的矩陣相乘全都
是 $I$ 和 $J$ 的相乘。因為 $I$ 是單位矩陣，而 $IJ = JI$，所以可
以放心用

$$(a + b)^3 = a^3 + 3a^2b + 3ab^2 + b^3$$

這個公式！」

蒂蒂：「啊！」

$$(pI + qJ)^3$$

$$= (pI)^3 + 3(pI)^2(qJ) + 3(pI)(qJ)^2 + (qJ)^3 \qquad 展開公式$$

$$= p^3I^3 + 3p^2qI^2J + 3pq^2IJ^2 + q^3J^3 \qquad 拆開括弧$$

$$= p^3I + 3p^2qJ + 3pq^2J^2 + q^3J^3 \qquad 因為\ I^3 = I, I^2 = I$$

$$= p^3I + 3p^2qJ - 3pq^2I - q^3J \qquad 因為\ J^2 = -I, J^3 = -J$$

$$= (p^3 - 3pq^2)I + (3p^2q - q^3)J \qquad 將\ I\ 與\ J\ 提出$$

我：「不需要真的把矩陣內的元素拿出來相乘，就能得到這樣的結果了。」

$$(pI + qJ)^3 = I \qquad 題目給的方程式$$

$$(p^3 - 3pq^2)I + (3p^2q - q^3)J = I \qquad 計算後的結果$$

蒂蒂：「再來要比較矩陣的元素嗎……？」

我：「是啊，讓我們來看看各個元素吧。」

$$(p^3 - 3pq^2)\begin{pmatrix} 1 & 0 \\ 0 & 1 \end{pmatrix} + (3p^2q - q^3)\begin{pmatrix} 0 & -1 \\ 1 & 0 \end{pmatrix} = \begin{pmatrix} 1 & 0 \\ 0 & 1 \end{pmatrix} \quad \begin{matrix}寫出矩陣\\的元素\end{matrix}$$

$$\begin{pmatrix} p^3 - 3pq^2 & -(3p^2q - q^3) \\ 3p^2q - q^3 & p^3 - 3pq^2 \end{pmatrix} = \begin{pmatrix} 1 & 0 \\ 0 & 1 \end{pmatrix}$$

蒂蒂：「可以得到這樣的聯立方程式。」

$$\begin{cases} p^3 - 3pq^2 = 1 & \cdots ① \\ 3p^2q - q^3 = 0 & \cdots ② \end{cases}$$

米爾迦：「接下來就只剩下計算了。」

我：「將②的 $q$ 提出來，可以得到 $q(3p^2 - q^2) = 0$，所以 $q = 0$

或 $3p^2 = q^2$。當 $q = 0$，由①可以得到 $p^3 - 1 = 0$，滿足這個條件的實數只有 $p = 1$。這樣就可以得到一個解囉！那就是 $(p, q) = (1, 0)$。」

蒂蒂：「學長的計算速度好快喔！為什麼滿足 $p^3 - 1 = 0$ 的實數 $p$ 只有可能是 1 呢？」

我：「把它因式分解可以得到 $p^3 - 1 = (p - 1)(p^2 + p + 1)$，故所求實數 $p$ 須滿足 $p = 1$ 或 $p^2 + p + 1 = 0$。$p$ 的二次方程式 $p^2 + p + 1 = 0$ 中，判別式為 $1^2 - 4 \cdot 1 \cdot 1 = -3$。因為判別式為負，所以沒有實數解。也就是說，滿足 $p^2 + p + 1 = 0$ 的實數 $p$ 不存在。」

蒂蒂：「啊啊，原來如此。二次方程式的判別式……」

我：「剛才的 $q = 0$ 或 $3p^2 = q^2$ 中，我們已經處理完 $q = 0$ 的情況了，再來只剩下 $3p^2 = q^2$ 的情況。①式中正好有 $q^2$，這裡我們就直接用 $3p^2$ 取代它。$p^3 - 3p(3p^2) = 1$，可得 $8p^3 + 1 = 0$。因為 $2^3 = 8$，故可因式分解如下：$8p^3 + 1 = (2p)^3 + 1 = (2p + 1)(4p^2 - 2p + 1)$。」

蒂蒂：「學長因式分解的速度太快了吧！」

我：「試著展開 $(2p + 1)(4p^2 - 2p + 1)$，也能確認到它確實就是 $8p^3 + 1$ 喔。」

蒂蒂：「沒錯……」

我：「我們可以得到 $2p + 1 = 0$ 或 $4p^2 - 2p + 1 = 0$，由 $2p + 1 = 0$ 可以得到 $p = -\frac{1}{2}$；$4p^2 - 2p + 1 = 0$ 則沒有實數解。」

蒂蒂：「因為判別式 $(-2)^2 - 4 \cdot 4 \cdot 1 = -12$ 是負數吧。」

我：「是啊。$p = -\frac{1}{2}$ 時，解 $3p^2 = q^2$ 可以得到 $q^2 = \frac{3}{4}$，即 $q = \pm\frac{\sqrt{3}}{2}$。整理後可以得到

$$(p, q) = (1, 0), \quad \left(-\tfrac{1}{2}, \tfrac{\sqrt{3}}{2}\right), \quad \left(-\tfrac{1}{2}, -\tfrac{\sqrt{3}}{2}\right)$$

確實！$\omega$ 出現了！」

---

解答 3-2（三次方後會得到單位矩陣的矩陣）

所求的 $p$、$q$ 有以下三組。

$$(p, q) = (1, 0), \quad \left(-\tfrac{1}{2}, \tfrac{\sqrt{3}}{2}\right), \quad \left(-\tfrac{1}{2}, -\tfrac{\sqrt{3}}{2}\right)$$

---

蒂蒂：「$\omega$……」

米爾迦：「$\omega$ 是 1 的三次方根中，一個非實數的根。」

$$\omega = \frac{-1 + \sqrt{3}i}{2} = \underbrace{-\frac{1}{2}}_{p} + \underbrace{\frac{\sqrt{3}}{2}}_{q} i$$

我：「這樣，我們就可以用 $I$ 和 $J$ 寫出 $X^3 = I$ 的解了，就像數的世界中一樣。」

「數的世界」　　　　「矩陣的世界」

$$x^3 = 1 \quad \longleftrightarrow \quad X^3 = I$$

$$\downarrow \qquad\qquad\qquad \downarrow$$

$$1 \quad \longleftrightarrow \quad I$$

$$-\frac{1}{2} + \frac{\sqrt{3}}{2}i \quad \longleftrightarrow \quad -\frac{1}{2}I + \frac{\sqrt{3}}{2}J$$

$$-\frac{1}{2} - \frac{\sqrt{3}}{2}i \quad \longleftrightarrow \quad -\frac{1}{2}I - \frac{\sqrt{3}}{2}J$$

米爾迦：「$\omega$ 三次方後會得到 1，就像三拍子的圓舞曲。」

$$\omega^1 = \frac{-1 + \sqrt{3}i}{2}$$

$$\omega^2 = \left(\frac{-1 + \sqrt{3}i}{2}\right)^2 = \frac{-1 - \sqrt{3}i}{2}$$

$$\omega^3 = \left(\frac{-1 + \sqrt{3}i}{2}\right)^3 = 1$$

蒂蒂：「三拍子指的是，三次方後會變成 1 嗎……？」

米爾迦：「$\omega^0$ 是 1，而且每乘三次以後就會變回零次方的 1。
就像三拍子的圓舞曲。」

| $\omega^0$ | $\omega^1$ | $\omega^2$ | $\omega^3$ | $\omega^4$ | $\omega^5$ | $\omega^6$ | $\omega^7$ | $\omega^8$ | $\cdots$ |
|---|---|---|---|---|---|---|---|---|---|
| $\vdots$ | $\vdots$ | $\vdots$ | $\vdots$ | $\vdots$ | $\vdots$ | $\vdots$ | $\vdots$ | $\vdots$ | |
| 1 | $\omega$ | $\omega^2$ | 1 | $\omega$ | $\omega^2$ | 1 | $\omega$ | $\omega^2$ | $\cdots$ |

蒂蒂：「啊，所以才說是 $\omega$ 的圓舞曲。」

我：「$\omega$ 也是複數平面上的正三角形頂點。」

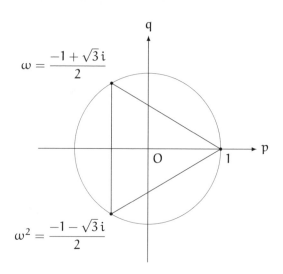

米爾迦：「令人難忘的複數。」

蒂蒂：「原來我們可以用 $pI + qJ$ 這樣的矩陣來表示像 $\omega$ 一樣的複數啊。關於矩陣，我以前只知道旋轉矩陣，沒想到矩陣可以用來表示虛數單位 $i$，還有複數 $\omega$……」

米爾迦：「我們在解答 3-2 中求出了滿足 $(pI + qJ)^3 = I$ 的三組 $(p, q)$。這些解可以讓 $pI + qJ$ 成為旋轉矩陣，使點旋轉 0、$\frac{2\pi}{3}$、$\frac{4\pi}{3}$ rad。」

| $(p, q)$ | $pI + qJ$ | 旋轉矩陣 |
|---|---|---|
| $(1, 0)$ | $\begin{pmatrix} 1 & 0 \\ 0 & 1 \end{pmatrix}$ | $\begin{pmatrix} \cos 0 & -\sin 0 \\ \sin 0 & \cos 0 \end{pmatrix}$ |
| $\left(-\frac{1}{2}, \frac{\sqrt{3}}{2}\right)$ | $\begin{pmatrix} -\frac{1}{2} & -\frac{\sqrt{3}}{2} \\ \frac{\sqrt{3}}{2} & -\frac{1}{2} \end{pmatrix}$ | $\begin{pmatrix} \cos \frac{2\pi}{3} & -\sin \frac{2\pi}{3} \\ \sin \frac{2\pi}{3} & \cos \frac{2\pi}{3} \end{pmatrix}$ |
| $\left(-\frac{1}{2}, -\frac{\sqrt{3}}{2}\right)$ | $\begin{pmatrix} -\frac{1}{2} & \frac{\sqrt{3}}{2} \\ -\frac{\sqrt{3}}{2} & -\frac{1}{2} \end{pmatrix}$ | $\begin{pmatrix} \cos \frac{4\pi}{3} & -\sin \frac{4\pi}{3} \\ \sin \frac{4\pi}{3} & \cos \frac{4\pi}{3} \end{pmatrix}$ |

蒂蒂：「咦……」

米爾迦：「矩陣可以用來表示各式各樣的東西，譬如說——」

　　一位女孩進了圖書室，米爾迦看見她之後打了一聲響指。

米爾迦：「來得正好，就讓麗莎來幫幫我們吧。」

　　　　　　　　　　　　「讓人類與模仿人類的程式對話時，
　　　　　　　　　　　　人類可以判斷得出對方是程式嗎？」
　　　　　　　　　　　　　　　　　　　　　（圖靈測試）

## 第 3 章的問題

●問題 3-1（在矩陣世界中成立的等式）

①～⑦中，哪些等式對於任意 $2 \times 2$ 矩陣 $A$、$B$、$C$ 皆成立？其中，$I$ 為 $2 \times 2$ 的單位矩陣。

① $A + B = B + A$

② $AB = BA$

③ $AB + BA = 2AB$

④ $(A + B)(A - B) = A^2 - B^2$

⑤ $(A + B)(A + C) = A^2 + (B + C)A + BC$

⑥ $(A + B)^2 = A^2 + 2AB + B^2$

⑦ $(A + I)^2 = A^2 + 2A + I$

（解答在 p.264）

●問題 3-2（分配律）

試證明對於任意 $2 \times 2$ 矩陣 $A$、$B$、$C$ 來說，以下等式皆成立。

$$(A + B)C = AC + BC$$

（解答在 p.267）

●問題 3-3（結合律）

試證明對於任意 $2 \times 2$ 矩陣 $A$、$B$、$C$ 來說，以下等式皆成立。

$$(AB)C = A(BC)$$

（解答在 p.270）

第 4 章

# 星空的變換

「『看星星』和『看星空』是同一件事嗎？」

## 4.1 麗莎

紅色的少女。

第一次看到麗莎的人大概都會有這樣的印象。因為她的髮色，以及她隨身攜帶的筆電，都是鮮艷的紅色。

看著麗莎的背影，我這麼想著。

麗莎是電腦少女，擅長寫程式，常敲擊著無聲鍵盤，用電腦做複雜的運算。她似乎是米爾迦的親戚。

麗莎、米爾迦、蒂蒂，再加上我，我們正從圖書室走向視聽教室。米爾迦和麗莎一起走在前面，正滔滔不絕地和麗莎說話，麗莎則是默默聽著，偶爾點頭或搖頭回應。

抵達視聽教室之後，麗莎將電腦接上投影機，然後在教室前方的大螢幕投影出 $x$ 軸、$y$ 軸、原點 $O$，也就是座標平面。

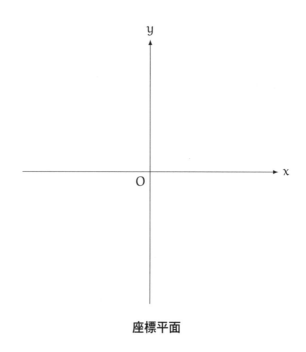

**座標平面**

蒂蒂：「所以……接下來要講些什麼呢？」

米爾迦：「我想請麗莎幫我示範一下**線性變換**。」

麗莎：「由米爾迦小姐解說。」

　　麗莎用有些沙啞的聲音簡短附和。

米爾迦：「首先，在座標平面上選一個點。蒂蒂妳來說一個座標。」

蒂蒂：「選哪裡都可以嗎？那就 $(2, 1)$ 好了。初手，點 $(2, 1)$。」

我：「初手……又不是圍棋或將棋。」

麗莎：「顯示點 $(2, 1)$。」

麗莎敲了一下鍵盤，座標平面上便顯示出一個點。

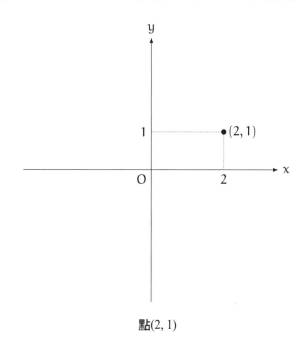

**點**$(2, 1)$

我：「$x$ 座標是 2，$y$ 座標是 1 的點。

$$(x, y) = (2, 1)$$

確實是點 $(2, 1)$。」

米爾迦：「知道 $x$ 座標和 $y$ 座標之後，便可確定點在座標平面
上的位置。所以我們可以用向量（vector）來表示，寫成將
座標縱向排列的向量矩陣，也就是將點 $(2, 1)$ 寫成行向量

（column vector）$\begin{pmatrix} 2 \\ 1 \end{pmatrix}$。」

$$\begin{pmatrix} x \\ y \end{pmatrix} = \begin{pmatrix} 2 \\ 1 \end{pmatrix}$$

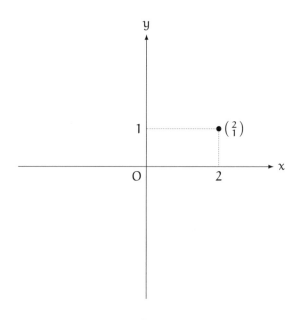

以行向量 $\begin{pmatrix} 2 \\ 1 \end{pmatrix}$ 表示點 $(2, 1)$

我：「$\begin{pmatrix} 2 \\ 1 \end{pmatrix}$ 就是這個點的位置向量吧。」

米爾迦：「我們用它來表示點的位置時，會稱其為位置向量。因為元素是縱向排列，故可稱做縱向量；又因為看起來像是矩陣中切出來的一個縱行，故亦稱做行向量，也可叫做 $2 \times 1$ 矩陣。」

我：「是啊。」

米爾迦：「蒂蒂已經選好點了，換你來選一個矩陣。」

我：「我？那就用 $\begin{pmatrix} 2 & 0 \\ 0 & 2 \end{pmatrix}$ 吧。」

米爾迦：「矩陣 $\begin{pmatrix} 2 & 0 \\ 0 & 2 \end{pmatrix}$ 和行向量 $\begin{pmatrix} 2 \\ 1 \end{pmatrix}$ 的乘積等於 $\begin{pmatrix} 4 \\ 2 \end{pmatrix}$。」

$$\begin{pmatrix} 2 & 0 \\ 0 & 2 \end{pmatrix} \begin{pmatrix} 2 \\ 1 \end{pmatrix} = \begin{pmatrix} 4 \\ 2 \end{pmatrix}$$

蒂蒂：「米爾迦學姊，可以等一下嗎？我想確認一下，矩陣和行向量相乘時的計算方式，和矩陣之間的相乘是一樣的嗎？」

米爾迦：「當然一樣。」

我：「就是『相乘、相乘、相加』吧。」

---

矩陣 $\begin{pmatrix} 2 & 0 \\ 0 & 2 \end{pmatrix}$ 和行向量 $\begin{pmatrix} 2 \\ 1 \end{pmatrix}$ 的乘積等於 $\begin{pmatrix} 4 \\ 2 \end{pmatrix}$

$$\begin{aligned} \begin{pmatrix} 2 & 0 \\ 0 & 2 \end{pmatrix} \begin{pmatrix} 2 \\ 1 \end{pmatrix} &= \begin{pmatrix} 2 \times 2 + 0 \times 1 \\ 0 \times 2 + 2 \times 1 \end{pmatrix} \\ &= \begin{pmatrix} 4 + 0 \\ 0 + 2 \end{pmatrix} \\ &= \begin{pmatrix} 4 \\ 2 \end{pmatrix} \end{aligned}$$

---

米爾迦：「矩陣和行向量的乘積會是一個行向量。或者可以說，$2 \times 2$ 矩陣和 $2 \times 1$ 矩陣的乘積會是 $2 \times 1$ 矩陣。」

矩陣和行向量的積

$$\underbrace{\begin{pmatrix} a & b \\ c & d \end{pmatrix}}_{矩陣} \quad \underbrace{\begin{pmatrix} x \\ y \end{pmatrix}}_{行向量} = \underbrace{\begin{pmatrix} ax + by \\ cx + dy \end{pmatrix}}_{行向量}$$

米爾迦：「矩陣 $\begin{pmatrix} 2 & 0 \\ 0 & 2 \end{pmatrix}$ 和行向量 $\begin{pmatrix} 2 \\ 1 \end{pmatrix}$ 的相乘後，可以得到行向量 $\begin{pmatrix} 4 \\ 2 \end{pmatrix}$。這個行向量 $\begin{pmatrix} 4 \\ 2 \end{pmatrix}$ 可以視為座標平面上的點(4, 2)，也就是將行向量視為點。麗莎？」

麗莎：「顯示點 $\begin{pmatrix} 2 \\ 1 \end{pmatrix}$ 和點 $\begin{pmatrix} 4 \\ 2 \end{pmatrix}$。」

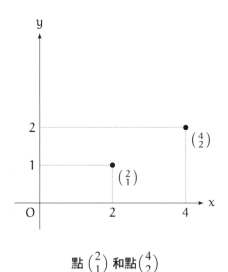

點 $\begin{pmatrix} 2 \\ 1 \end{pmatrix}$ 和點 $\begin{pmatrix} 4 \\ 2 \end{pmatrix}$

米爾迦：「我們可以把這個過程想成是：矩陣 $\begin{pmatrix} 2 & 0 \\ 0 & 2 \end{pmatrix}$ 將點 $\begin{pmatrix} 2 \\ 1 \end{pmatrix}$ 移動到點 $\begin{pmatrix} 4 \\ 2 \end{pmatrix}$。」

蒂蒂:「移動⋯⋯?」

麗莎:「顯示箭頭。」

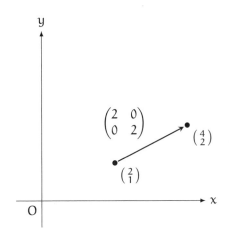

矩陣 $\begin{pmatrix} 2 & 0 \\ 0 & 2 \end{pmatrix}$ 將點 $\begin{pmatrix} 2 \\ 1 \end{pmatrix}$ 移動到點 $\begin{pmatrix} 4 \\ 2 \end{pmatrix}$

$$\begin{pmatrix} 2 & 0 \\ 0 & 2 \end{pmatrix} \begin{pmatrix} 2 \\ 1 \end{pmatrix} = \begin{pmatrix} 4 \\ 2 \end{pmatrix}$$

蒂蒂:「原來如此,確實在移動呢。」

米爾迦:「可以說是矩陣移動了點,也可以說是矩陣使點移動。」

我:「若換一個矩陣,也可以把點 $\begin{pmatrix} 2 \\ 1 \end{pmatrix}$ 移動到另一個點。比方說,如果把矩陣換成 $\begin{pmatrix} 0 & 1 \\ 1 & 0 \end{pmatrix}$,就可以將點 $\begin{pmatrix} 2 \\ 1 \end{pmatrix}$ 移動到點 $\begin{pmatrix} 1 \\ 2 \end{pmatrix}$。」

麗莎:「顯示矩陣 $\begin{pmatrix} 0 & 1 \\ 1 & 0 \end{pmatrix}$。」

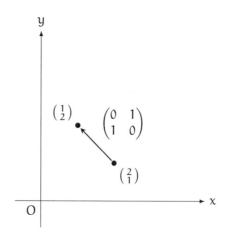

矩陣 $\begin{pmatrix} 0 & 1 \\ 1 & 0 \end{pmatrix}$ 可以將點 $\begin{pmatrix} 2 \\ 1 \end{pmatrix}$ 移動到點 $\begin{pmatrix} 1 \\ 2 \end{pmatrix}$

$$\begin{pmatrix} 0 & 1 \\ 1 & 0 \end{pmatrix} \begin{pmatrix} 2 \\ 1 \end{pmatrix} = \begin{pmatrix} 1 \\ 2 \end{pmatrix}$$

蒂蒂：「嗯，我大概明白了。$x$ 座標和 $y$ 座標能決定一個點的位置，故可寫成 $\begin{pmatrix} x \\ y \end{pmatrix}$。矩陣 $\begin{pmatrix} a & b \\ c & d \end{pmatrix}$ 和 $\begin{pmatrix} x \\ y \end{pmatrix}$ 相乘後可以得到 $\begin{pmatrix} ax + by \\ cx + dy \end{pmatrix}$，故可想成是點的移動……既然 $x$ 或 $y$ 的值有變動，那麼點會移動也是理所當然的──是這個樣子嗎？」

米爾迦：「不只是點，也看一下矩陣。矩陣 $\begin{pmatrix} a & b \\ c & d \end{pmatrix}$ 可以視為從座標平面到座標平面的**映射**。」

蒂蒂：「映射是什麼呢？」

我：「就是類似函數的東西喔。」

米爾迦：「假設有 $X$ 和 $Y$ 兩個集合，對於 $X$ 內的任何一個元素，都可在 $Y$ 中找到某個與之對應的元素，這種對應關係就稱做從 $X$ 到 $Y$ 的映射。其中，$X$ 稱做定義域，$Y$ 稱做對應域。」

蒂蒂：「呃，集合……」

米爾迦：「現在我們討論的是從座標平面到座標平面的映射，就拿這當例子吧。給定一個矩陣 $\begin{pmatrix} a & b \\ c & d \end{pmatrix}$，對於座標平面上的任意點 $\begin{pmatrix} x \\ y \end{pmatrix}$，座標平面上皆有另一個點 $\begin{pmatrix} a & b \\ c & d \end{pmatrix}\begin{pmatrix} x \\ y \end{pmatrix}$，即 $\begin{pmatrix} ax + by \\ cx + dy \end{pmatrix}$ 與之對應。換言之，矩陣 $\begin{pmatrix} a & b \\ c & d \end{pmatrix}$ 可以視為從座標平面到座標平面的映射。這時，定義域和對應域都是座標平面。」

我：「原來如此。」

蒂蒂：「……」

米爾迦：「定義域與對應域相同的映射又特別稱做變換。也就是說，矩陣 $\begin{pmatrix} a & b \\ c & d \end{pmatrix}$ 可以視為座標平面上的變換。」

我：「原來如此，所以變換可以想成是改寫集合本身。」

蒂蒂：「變換……」

米爾迦：「解釋方法有很多種。矩陣移動了點、矩陣使點移動、矩陣對點／圖形／座標平面的變換。從移動的角度來看，可以想成是點的移動；從映射的角度來看，可以想成是點的映射。」

蒂蒂：「我懂了。」

米爾迦：「剛才我們只有移動一個點而已。讓我們試著再多移
　　　　一些點吧！麗莎。」

麗莎：「顯示。」

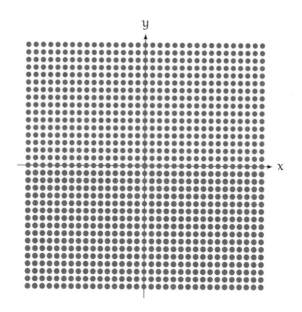

蒂蒂：「伊呀呀呀！……啊，十分抱歉。」

我：「點好像太多了呢。」

米爾迦：「嗯，把範圍限制在 $-1 \leqq x \leqq 1$ 且 $-1 \leqq y \leqq 1$ 內。」

麗莎：「正方形？」

米爾迦：「沒錯，在正方形的區域內，座標每 0.2 取一個點。
　　　　另外，不同象限用不同形式的點來表示。」

麗莎：「象限？」

米爾迦：「$x$ 座標和 $y$ 座標的正負組合一共有四種，分別屬於不同象限。請妳把不同象限的點顯示成不同形式。另外，在軸上的點也用不同的樣子顯示。」

麗莎：「要求過多。」

米爾迦：「但是麗莎做得到。」

麗莎：「顯示。」

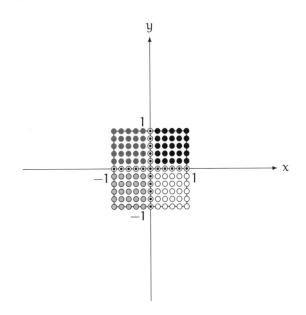

我：「這是邊長為 2 的正方形吧。」

米爾迦：「請用矩陣 $\begin{pmatrix} 2 & 0 \\ 0 & 2 \end{pmatrix}$ 移動所有點。」

蒂蒂：「所有點……」

麗莎：「顯示。」

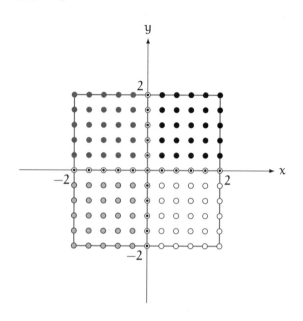

以矩陣 $\begin{pmatrix} 2 & 0 \\ 0 & 2 \end{pmatrix}$ 進行變換

米爾迦：「這樣似乎有點難想像變換過程中究竟發生了什麼變化呢。」

麗莎：「以箭頭表示。」

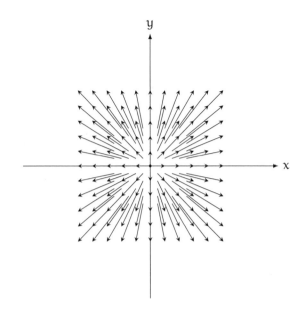

以矩陣 $\begin{pmatrix} 2 & 0 \\ 0 & 2 \end{pmatrix}$ 進行變換的前後差異

蒂蒂：「原來如此！用矩陣 $\begin{pmatrix} 2 & 0 \\ 0 & 2 \end{pmatrix}$ 變換後，所有點就會啪——地往外擴散啊！」

我：「如果用一般化的點 $\begin{pmatrix} x \\ y \end{pmatrix}$ 來表示移動前後的點，這樣不是比較容易看出點擴散的樣子嗎？」

矩陣 $\begin{pmatrix} 2 & 0 \\ 0 & 2 \end{pmatrix}$ 會將點 $\begin{pmatrix} x \\ y \end{pmatrix}$ 移到哪裡呢？

$$\begin{pmatrix} 2 & 0 \\ 0 & 2 \end{pmatrix}\begin{pmatrix} x \\ y \end{pmatrix} = \begin{pmatrix} 2 \times x + 0 \times y \\ 0 \times x + 2 \times y \end{pmatrix}$$
$$= \begin{pmatrix} 2x \\ 2y \end{pmatrix}$$

蒂蒂：「也就是不寫出 $\begin{pmatrix} 2 \\ 1 \end{pmatrix}$ 這種具體的點，而是用文字代數寫出 $\begin{pmatrix} x \\ y \end{pmatrix}$ 表示，對吧？」

米爾迦：「也可以這樣寫。」

$$\begin{pmatrix} x \\ y \end{pmatrix} \xmapsto{\begin{pmatrix} 2 & 0 \\ 0 & 2 \end{pmatrix}} \begin{pmatrix} 2x \\ 2y \end{pmatrix}$$

蒂蒂：「我懂了。因為 $x$ 座標和 $y$ 座標都變成了兩倍，所以才會像這樣擴散開來。」

米爾迦：「雖然幾乎所有點都變成了兩倍，卻只有原點不會動。」

蒂蒂：「啊，對耶。如果拿原點 $\begin{pmatrix} 0 \\ 0 \end{pmatrix}$ 下去算，可以得到

$$\begin{pmatrix} 2 & 0 \\ 0 & 2 \end{pmatrix}\begin{pmatrix} 0 \\ 0 \end{pmatrix} = \begin{pmatrix} 0 \\ 0 \end{pmatrix}$$

所以原點不會移動。」

我：「也可以把矩陣 $\begin{pmatrix} 2 & 0 \\ 0 & 2 \end{pmatrix}$ 想成是 $2I$ 喔。$I$ 是單位矩陣 $\begin{pmatrix} 1 & 0 \\ 0 & 1 \end{pmatrix}$，由以下等式可以得到 $2I$ 就是 $\begin{pmatrix} 2 & 0 \\ 0 & 2 \end{pmatrix}$。」

$$2I = 2\begin{pmatrix} 1 & 0 \\ 0 & 1 \end{pmatrix} = \begin{pmatrix} 2 & 0 \\ 0 & 2 \end{pmatrix}$$

蒂蒂：「啊，又出現『假設情況』了。『矩陣的世界』中的 $\begin{pmatrix} 2 & 0 \\ 0 & 2 \end{pmatrix}$ 和『數的世界』的 2 很相似對吧。」

我：「如果把 $\begin{pmatrix} 2x \\ 2y \end{pmatrix}$ 寫成 $2\begin{pmatrix} x \\ y \end{pmatrix}$，一看就知道是把座標變成兩倍。矩陣 $2I$ 可以把 $\begin{pmatrix} x \\ y \end{pmatrix}$ 變換成 $2\begin{pmatrix} x \\ y \end{pmatrix}$，算是一種等比例擴張。」

蒂蒂：「如果說矩陣 $2I$ 可以讓點擴散，那麼 $\frac{1}{2}I$，也就是

$$\frac{1}{2}I = \frac{1}{2}\begin{pmatrix} 1 & 0 \\ 0 & 1 \end{pmatrix} = \begin{pmatrix} \frac{1}{2} & 0 \\ 0 & \frac{1}{2} \end{pmatrix}$$

是不是就能讓點收縮呢？」

麗莎：「以 $\frac{1}{2}I$ 變換。」

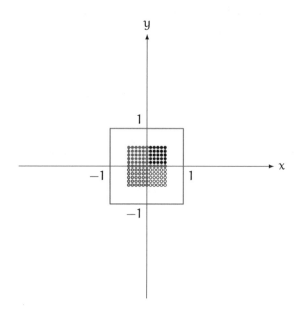

以矩陣 $\frac{1}{2}I = \begin{pmatrix} \frac{1}{2} & 0 \\ 0 & \frac{1}{2} \end{pmatrix}$ 進行變換

蒂蒂：「謝謝你。小麗莎！」

麗莎：「不要加『小』。」

蒂蒂：「好、好的。$2I$ 可以讓點擴散，$\frac{1}{2}I$ 可以讓點收縮。那麼如果是單位矩陣 $I$，應該就是保持原樣了吧！」

麗莎：「以單位矩陣進行變換。」

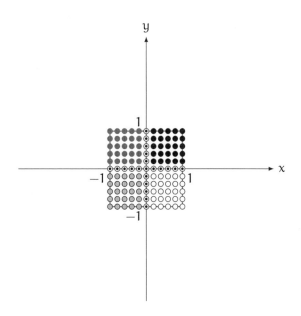

以單位矩陣 $I = \begin{pmatrix} 1 & 0 \\ 0 & 1 \end{pmatrix}$ 進行變換

蒂蒂:「譬如說,如果用文字 $a$,寫成 $aI = \begin{pmatrix} a & 0 \\ 0 & a \end{pmatrix}$ 的矩陣,這個矩陣就能夠將點擴張成 $a$ 倍。」

我:「是啊。$aI$ 就是以原點為中心的放大變換喔。如果 $a > 1$ 就是放大,$a = 1$ 就是維持原樣,$0 < a < 1$ 就會縮小。$a = 0$ 則是——」

蒂蒂:「啊,如果 $a = 0$,因為 $aI = \begin{pmatrix} 0 & 0 \\ 0 & 0 \end{pmatrix}$,所以所有點都會移到 $\begin{pmatrix} 0 \\ 0 \end{pmatrix}$!」

我:「如果用零矩陣 $O$ 進行變換,就會被壓縮到原點上。」

麗莎：「以零矩陣 $O$ 進行變換。」

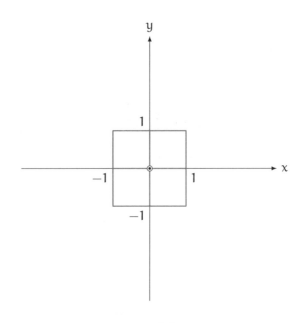

以零矩陣 $O = \begin{pmatrix} 0 & 0 \\ 0 & 0 \end{pmatrix}$ 進行變換

$$\begin{pmatrix} x \\ y \end{pmatrix} \xmapsto{\begin{pmatrix} 0 & 0 \\ 0 & 0 \end{pmatrix}} \begin{pmatrix} 0 \\ 0 \end{pmatrix}$$

## 4.2　矩陣 $\begin{pmatrix} 3 & 0 \\ 0 & 2 \end{pmatrix}$

米爾迦：「讓我們來試試看別的矩陣吧！矩陣 $\begin{pmatrix} 3 & 0 \\ 0 & 2 \end{pmatrix}$ 可以進行什麼樣的變換呢？」

蒂蒂：「我來計算看看！」

$$\begin{pmatrix} 3 & 0 \\ 0 & 2 \end{pmatrix}\begin{pmatrix} x \\ y \end{pmatrix} = \begin{pmatrix} 3 \times x + 0 \times y \\ 0 \times x + 2 \times y \end{pmatrix}$$
$$= \begin{pmatrix} 3x \\ 2y \end{pmatrix}$$

蒂蒂：「$x$ 座標變成了三倍、$y$ 座標變成了兩倍耶⋯⋯」

麗莎：「開始顯示。」

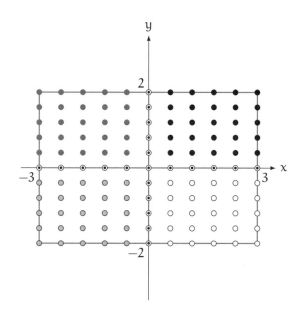

以矩陣 $\begin{pmatrix} 3 & 0 \\ 0 & 2 \end{pmatrix}$ 進行變換

$$\begin{pmatrix} x \\ y \end{pmatrix} \xmapsto{\begin{pmatrix} 3 & 0 \\ 0 & 2 \end{pmatrix}} \begin{pmatrix} 3x \\ 2y \end{pmatrix}$$

我：「這個矩陣可以讓點在橫向與縱向上以不同倍率擴大。這

大概只有座標平面才做得到的吧，一般的數乘上一個比例時不會是這樣。」

## 4.3 矩陣 $\begin{pmatrix} 2 & 1 \\ 1 & 3 \end{pmatrix}$

米爾迦：「再來用矩陣 $\begin{pmatrix} 2 & 1 \\ 1 & 3 \end{pmatrix}$ 試試看吧。會出現什麼形狀呢？」

問題 4-1（以矩陣 $\begin{pmatrix} 2 & 1 \\ 1 & 3 \end{pmatrix}$ 進行變換）

以矩陣 $\begin{pmatrix} 2 & 1 \\ 1 & 3 \end{pmatrix}$ 變換以下點時，會轉變成什麼樣的形狀呢？

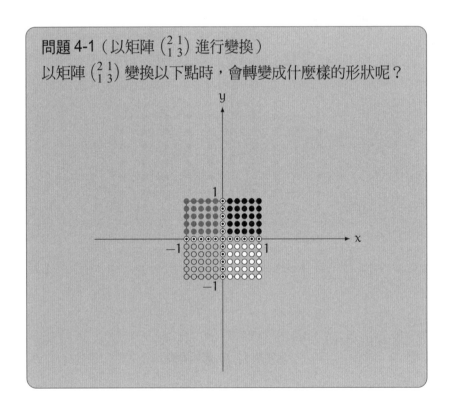

蒂蒂:「$\begin{pmatrix} 2 & 1 \\ 1 & 3 \end{pmatrix}$ 和 $\begin{pmatrix} a & 0 \\ 0 & a \end{pmatrix}$ 的格式不一樣,似乎有點難呢。要是可以知道一般化的點 $\begin{pmatrix} x \\ y \end{pmatrix}$ 會移動到哪裡去就好了……」

$$\begin{pmatrix} x \\ y \end{pmatrix} \xmapsto{\begin{pmatrix} 2 & 1 \\ 1 & 3 \end{pmatrix}} \begin{pmatrix} 2x + 1y \\ 1x + 3y \end{pmatrix}$$

我:「嗯,會是平行四邊形嗎……」

麗莎:「開始顯示。」

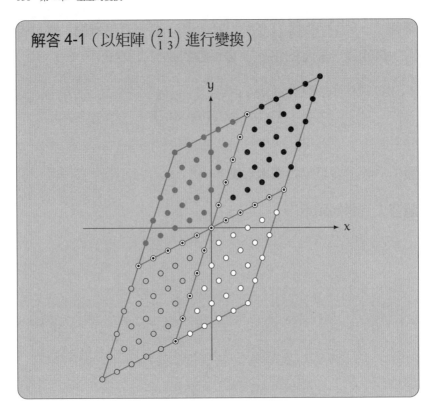

解答 4-1（以矩陣 $\begin{pmatrix} 2 & 1 \\ 1 & 3 \end{pmatrix}$ 進行變換）

蒂蒂：「咦！原來會變成這種形狀啊。真的是平行四邊形耶！
　　　可是，為什麼學長能馬上想到是這種形狀呢？」

我：「只要把焦點放在矩陣的行，就能看出來囉，蒂蒂。」

蒂蒂:「放在矩陣的行⋯⋯是什麼意思呢？」

我:「觀察 $\left(\begin{smallmatrix}2 & 1 \\ 1 & 3\end{smallmatrix}\right)$ 這個矩陣，可以看到它有 $\left(\begin{smallmatrix}2 \\ 1\end{smallmatrix}\right)$ 和 $\left(\begin{smallmatrix}1 \\ 3\end{smallmatrix}\right)$ 兩個行向量，也可以叫它縱向量。由這兩個行向量，我們可以看出這個矩陣會把正方形變換成什麼形狀喔！」

蒂蒂:「為什麼呢？」

我:「妳想想看這個矩陣與行向量的乘積——$\left(\begin{smallmatrix}2 & 1 \\ 1 & 3\end{smallmatrix}\right)\left(\begin{smallmatrix}1 \\ 0\end{smallmatrix}\right)$ 和 $\left(\begin{smallmatrix}2 & 1 \\ 1 & 3\end{smallmatrix}\right)\left(\begin{smallmatrix}0 \\ 1\end{smallmatrix}\right)$，應該就知道囉！由此可以看出，這個矩陣會把點 $\left(\begin{smallmatrix}1 \\ 0\end{smallmatrix}\right)$ 移動到 $\left(\begin{smallmatrix}2 \\ 1\end{smallmatrix}\right)$、把點 $\left(\begin{smallmatrix}0 \\ 1\end{smallmatrix}\right)$ 移動到 $\left(\begin{smallmatrix}1 \\ 3\end{smallmatrix}\right)$，對吧？」

$$\begin{pmatrix} 2 & 1 \\ 1 & 3 \end{pmatrix}\begin{pmatrix} 1 \\ 0 \end{pmatrix} = \begin{pmatrix} 2\times 1 + 1\times 0 \\ 1\times 1 + 3\times 0 \end{pmatrix} = \begin{pmatrix} 2 \\ 1 \end{pmatrix}$$

$$\begin{pmatrix} 2 & 1 \\ 1 & 3 \end{pmatrix}\begin{pmatrix} 0 \\ 1 \end{pmatrix} = \begin{pmatrix} 2\times 0 + 1\times 1 \\ 1\times 0 + 3\times 1 \end{pmatrix} = \begin{pmatrix} 1 \\ 3 \end{pmatrix}$$

蒂蒂:「啊⋯⋯確實如此。」

我:「也就是說，這個矩陣的兩個行，分別表示會把 $\left(\begin{smallmatrix}1 \\ 0\end{smallmatrix}\right)$ 和 $\left(\begin{smallmatrix}0 \\ 1\end{smallmatrix}\right)$ 這兩個點移到哪個地方。」

蒂蒂:「把焦點放在矩陣的行⋯⋯可是這和矩陣能把正方形變換成平行四邊形有什麼關係呢？」

我:「嗯，點 $\left(\begin{smallmatrix}x \\ y\end{smallmatrix}\right)$ 可以寫成這個樣子

$$\begin{aligned} \begin{pmatrix} x \\ y \end{pmatrix} &= \begin{pmatrix} x \\ 0 \end{pmatrix} + \begin{pmatrix} 0 \\ y \end{pmatrix} \\ &= x\begin{pmatrix} 1 \\ 0 \end{pmatrix} + y\begin{pmatrix} 0 \\ 1 \end{pmatrix} \end{aligned}$$

這和 $\binom{1}{0}$ 與 $\binom{0}{1}$ 分別會移動到哪裡有很密切的關係喔。小麗莎，可以幫我標一下 $\binom{1}{0}$、$\binom{0}{1}$ 還有 $\binom{2}{1}$、$\binom{1}{3}$ 嗎？」

麗莎：「不要加『小』。」

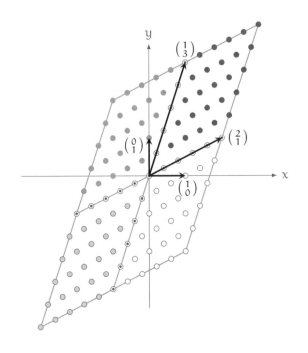

蒂蒂：「這是……什麼意思呢？」

我：「矩陣 $\binom{2\ 1}{1\ 3}$ 可以將 $x$ 軸上的點 $\binom{1}{0}$ 移動到 $\binom{2}{1}$、將 $y$ 軸上的點 $\binom{0}{1}$ 移動到 $\binom{1}{3}$ 對吧？從這兩個點的移動，我們可以知道整個變換的大略情況。不過，如果把變換前和變換後的樣子混在一起顯示，可能還是看不太出來啊。」

麗莎：「那就把變換前後的樣子分開顯示。」

　　麗莎輕咳了一聲，敲了一下電腦鍵盤。

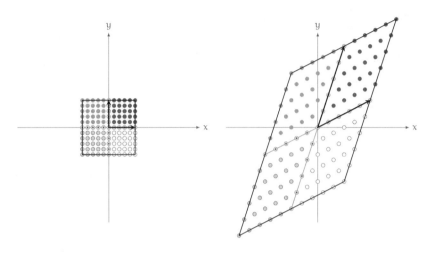

以矩陣 $\binom{2\ 1}{1\ 3}$ 進行變換的前後差異

蒂蒂：「原來如此！這樣就看得出矩陣 $\binom{2\ 1}{1\ 3}$ 會把正方形變換成
　　　什麼樣子了。」

我：「是啊。」

蒂蒂：「矩陣 $\binom{2\ 1}{1\ 3}$ 進行的變換，和剛才的矩陣 $\binom{a\ 0}{0\ a}$ 進行的變
　　　換有很大的差別耶！」

我：「嗯，模式很不一樣吧。」

蒂蒂：「矩陣 $\binom{a\ 0}{0\ a}$ 只是依照 $a$ 的數值，把點的位置放大或縮小
　　　而已。不過矩陣 $\binom{2\ 1}{1\ 3}$ 不只把點的位置放大，還會改變、扭

曲形狀耶！」

米爾迦：「除了圖形的變形，也來看看整體的移動模式吧。」

蒂蒂：「整體……是什麼意思呢？」

米爾迦：「就是座標平面上的所有點。想想看矩陣如何移動座標平面本身。麗莎，顯示座標格。」

麗莎：「顯示座標格。」

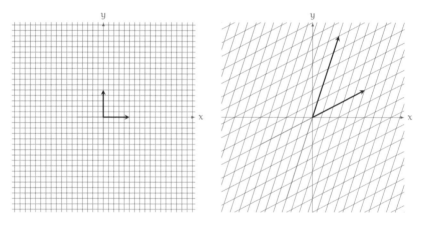

以矩陣 $\begin{pmatrix} 2 & 1 \\ 1 & 3 \end{pmatrix}$ 進行座標平面的變換

我：「嗯，果然會變成這樣。」

　　蒂蒂突然安靜下來，並開始咬起了指甲。

我：「怎麼了呢？」

蒂蒂：「米爾迦學姊之前有跟我說明過什麼是『數學性對象』*。」

---

* 參考《數學女孩秘密筆記：積分篇》（世茂出版）。

米爾迦：「是指『數學性對象』和『數學性主張』的事吧？」

蒂蒂：「是的！……不只是『數』或『點』，『座標平面』也可以看成『數學性對象』，也就是數學處理的『東西』。想到矩陣進行變換的樣子，讓我覺得座標平面也是數學處理的『東西』之一。整個座標平面就像是一個『東西』一樣……」

米爾迦：「矩陣也一樣。矩陣就是『變換本身』。」

蒂蒂：「變換本身！……這好像蠻抽象的。」

麗莎：「矩陣很具體。」

蒂蒂：「我想說的是……不管是『數』『點』『座標平面』，都是很具體的東西。相較之下，我很難想像能用具體的東西來表示『點的移動』『改變正方形的大小』『扭曲正方形的形狀』等等的變換——我是這麼想的。」

我：「可是，蒂蒂不覺得旋轉矩陣是很具體的東西嗎？」

蒂蒂：「這麼說來，旋轉矩陣確實很具體……旋轉矩陣只會旋轉圖形，卻不會改變圖形的形狀或大小，我覺得和數、角度之類的東西很像。但如果是會扭曲形狀的變換，我就很難想像那是某種具體的『東西』。」

我：「這樣啊……」

## 4.4　變換與和的交換

蒂蒂：「說到這個，剛才學長有提到這個式子

$$\begin{pmatrix} x \\ y \end{pmatrix} = \begin{pmatrix} x \\ 0 \end{pmatrix} + \begin{pmatrix} 0 \\ y \end{pmatrix}$$
$$= x \begin{pmatrix} 1 \\ 0 \end{pmatrix} + y \begin{pmatrix} 0 \\ 1 \end{pmatrix}$$

這在這裡有什麼意義嗎？」

我：「咦？

$$\begin{pmatrix} x \\ y \end{pmatrix} = x \begin{pmatrix} 1 \\ 0 \end{pmatrix} + y \begin{pmatrix} 0 \\ 1 \end{pmatrix}$$

因為這條式子成立，所以我們只要看 $\begin{pmatrix} 1 \\ 0 \end{pmatrix}$ 和 $\begin{pmatrix} 0 \\ 1 \end{pmatrix}$ 的變化就可以了不是嗎？」

蒂蒂：「？」

米爾迦：「我說你啊，在這之前應該要先說明矩陣的變換是**線性變換**，也就是『**矩陣變換的線性**』才對。」

蒂蒂：「線性……？」

米爾迦：「假設我們以矩陣變換 $\vec{a}$ 與 $\vec{b}$ 的向量和 $\vec{a}+\vec{b}$，獲得新的向量。那麼這個新的向量，會等於以矩陣分別變換 $\vec{a}$ 與 $\vec{b}$ 這兩個向量後的和。這就是線性。」

蒂蒂：「請、請等一下。以矩陣變換向量和……咦？」

米爾迦:「蒂蒂知道怎麼計算『向量和』嗎?」

蒂蒂:「知道。之前學長教我向量的時候,有告訴過我可以想
成是一個平行四邊形的樣子*。」

我:「是啊。」

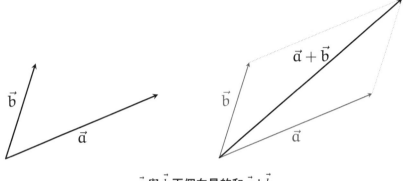

$\vec{a}$ 與 $\vec{b}$ 兩個向量的和 $\vec{a}+\vec{b}$

米爾迦:「『以矩陣變換向量和』所得到的結果,會與『以矩
陣變換各個向量,再相加』的結果一樣。也就是說,『和
的線性變換,等於線性變換的和』。」

我:「就是這個意思吧。」

以矩陣進行變換時的線性(以元素表示)

$$\begin{pmatrix} a & b \\ c & d \end{pmatrix} \left( \begin{pmatrix} a_1 \\ a_2 \end{pmatrix} + \begin{pmatrix} b_1 \\ b_2 \end{pmatrix} \right) = \begin{pmatrix} a & b \\ c & d \end{pmatrix} \begin{pmatrix} a_1 \\ a_2 \end{pmatrix} + \begin{pmatrix} a & b \\ c & d \end{pmatrix} \begin{pmatrix} b_1 \\ b_2 \end{pmatrix}$$

---

* 參考《數學女孩秘密筆記:向量篇》(世茂出版)。

米爾迦：「你這樣寫當然也沒錯，不過寫成下面這樣

$$\begin{pmatrix} a & b \\ c & d \end{pmatrix} \left( \begin{pmatrix} a_1 \\ a_2 \end{pmatrix} + \begin{pmatrix} b_1 \\ b_2 \end{pmatrix} \right) = \begin{pmatrix} a & b \\ c & d \end{pmatrix} \begin{pmatrix} a_1 \\ a_2 \end{pmatrix} + \begin{pmatrix} a & b \\ c & d \end{pmatrix} \begin{pmatrix} b_1 \\ b_2 \end{pmatrix}$$

$$\vdots \qquad\qquad \vdots \qquad\qquad\qquad \vdots \qquad\qquad \vdots$$

$$A \qquad (\vec{a} + \vec{b}) \qquad = \qquad A\vec{a} \qquad + \qquad A\vec{b}$$

看起來會比較簡潔。」

以矩陣進行變換時的線性

$$A(\vec{a} + \vec{b}) = A\vec{a} + A\vec{b}$$

蒂蒂：「不好意思⋯⋯這是很厲害的定理嗎？」

我：「嗯，要說是理所當然的話，也是很理所當然啦。」

蒂蒂：「不是這個意思。不，是這個意思沒錯。我想問的是

$$A(\vec{a} + \vec{b}) = A\vec{a} + A\vec{b}$$

這個式子⋯⋯」

我：「這個式子說明了矩陣與向量的積，同時也寫出了向量的分配律。如果列出每個元素，應該就能以計算證明囉！」

蒂蒂：「不，我不是想問證明，我只是覺得好像沒有完全理解的樣子。不、不好意思。我的理解力不太好。」

麗莎：「對理解的追求。」

米爾迦：「考慮兩個向量 $\vec{a}$ 與 $\vec{b}$，並求出它們的和。」

蒂蒂：「好的，就是 $\vec{a}+\vec{b}$ 對吧。」

米爾迦：「再來用矩陣 $A$ 來變換向量 $\vec{a}+\vec{b}$。這麼一來，$\vec{a}+\vec{b}$ 這個向量會轉變成什麼樣的向量呢？」

蒂蒂：「向量和會轉變成什麼向量啊……」

我：「就是矩陣 $A$ 和向量 $\vec{a}+\vec{b}$ 的乘積嗎？」

米爾迦：「沒錯。」

蒂蒂：「啊啊……矩陣 $A$ 與向量 $\vec{a}+\vec{b}$ 的乘積，也就是會轉變成 $A(\vec{a}+\vec{b})$ 這樣的向量是？」

米爾迦：「沒錯。$\vec{a}$ 與 $\vec{b}$ 的和是 $\vec{a}+\vec{b}$。而矩陣 $A$ 可將 $\vec{a}+\vec{b}$ 轉變成 $A(\vec{a}+\vec{b})$。這就是先求出和後再進行變換的結果。」

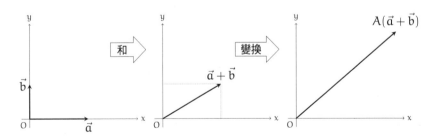

**先求出和再進行變換**

蒂蒂：「……」

米爾迦：「再從另一個角度來看。以矩陣 $A$ 將 $\vec{a}$ 與 $\vec{b}$ 分別變換成 $A\vec{a}$ 與 $A\vec{b}$。變換後再求出 $A\vec{a}$ 與 $A\vec{b}$ 的和，可得到 $A\vec{a}+A\vec{b}$。」

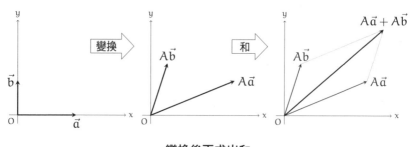

**變換後再求出和**

我：「……」

米爾迦：「在這裡提問。『先求出和再進行變換』和『先變換再求出和』是一樣的嗎？」

我：「是想講線性啊……」

蒂蒂：「線性……」

米爾迦：「沒錯。『和經矩陣變換的結果，等於經矩陣變換之結果的和』。而矩陣所產生的變換是線性變換，故『和的線性變換，等於線性變換的和』。」

$$A\underbrace{(\vec{a}+\vec{b})}_{\substack{\text{和}\\\text{變換}}} = \underbrace{A\vec{a} + A\vec{b}}_{\substack{\text{變換　變換}\\\text{和}}}$$

蒂蒂：「啊……原來如此。」

**米爾迦**：「請看以下四張圖。不管是先往下再往右，還是先往
　　　右再往下，都會得到同樣的結果。這就是線性。」

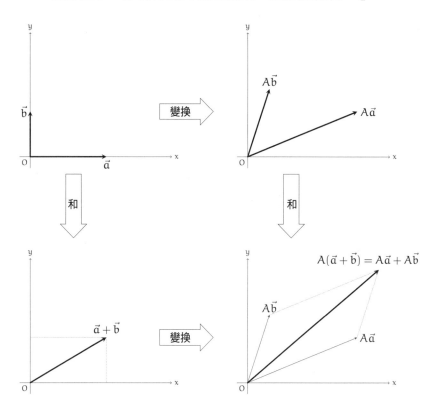

**米爾迦**：「這裡提到的性質，也說明了相加與矩陣變換這兩件
　　　事可以**交換**。我們也可以用下面這種圖來表示交換可能
　　　性，會更清楚易懂。」

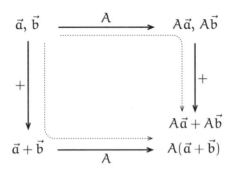

**米爾迦**：「線性可以在數學領域的許多地方看到，常會用『和的○○，等於○○的和』之類的標語形式來表示。譬如說，微分的線性就是『和的微分，等於微分的和』[*]。」

---

[*] 參考《數學女孩秘密筆記：微分篇》（世茂出版）。

## 微分的線性

「和的微分，等於微分的和」

$$\big(f(x) + g(x)\big)' = f'(x) + g'(x)$$

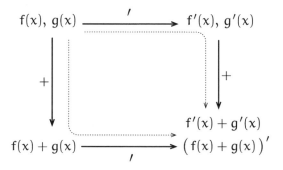

我：「積分也有線性——『和的積分，等於積分的和』*。」

---

**積分的線性**

「和的積分，等於積分的和」

$$\int_{\alpha}^{\beta} (f(x) + g(x))\, dx = \int_{\alpha}^{\beta} f(x)dx + \int_{\alpha}^{\beta} g(x)dx$$

$$f(x),\ g(x) \xrightarrow{\ \int_{\alpha}^{\beta}\ } \int_{\alpha}^{\beta} f(x)\, dx,\ \int_{\alpha}^{\beta} g(x)\, dx$$

$$\int_{\alpha}^{\beta} f(x)\, dx + \int_{\alpha}^{\beta} g(x)\, dx$$

$$f(x) + g(x) \xrightarrow{\ \int_{\alpha}^{\beta}\ } \int_{\alpha}^{\beta} \big(f(x) + g(x)\big)\, dx$$

---

* 參考《數學女孩秘密筆記：積分篇》（世茂出版）。

蒂蒂：「那、那期望值也有線性沒錯吧！『和的期望值，等於
　　　期望值的和』[*]。」

期望值的線性
「和的期望值，等於期望值的和」

$$E[X + Y] = E[X] + E[Y]$$

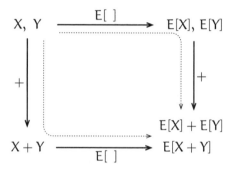

---

米爾迦：「回過頭來看，矩陣進行的變換也有線性，即『和的矩陣變換結果，等於矩陣變換結果的和』。」

---

**矩陣變換的線性**

「和的矩陣變換結果，等於矩陣變換結果的和」

$$A(\vec{a} + \vec{b}) = A\vec{a} + A\vec{b}$$

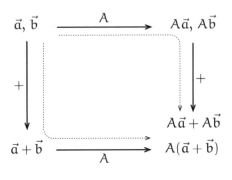

---

米爾迦：「和與微分、和與積分、和與期望值、和與矩陣的變換。全都有著交換可能性這個關鍵。」

麗莎：「都是可交換的運算器。」

麗莎輕咳了一聲。

米爾迦：「嗯，原來如此。」

## 4.5　變換與整數倍的交換

我：「對了，米爾迦。說到線性，應該不是只有能與『相加』
　　交換吧，和『整數倍』交換也是線性不是嗎？」

矩陣變換的線性

$$A(a\vec{a} + b\vec{b}) = aA\vec{a} + bA\vec{b}$$

微分的線性

$$(af(x) + bg(x))' = af'(x) + bg'(x)$$

積分的線性

$$\int_\alpha^\beta (af(x) + bg(x))\, dx = a\int_\alpha^\beta f(x)\, dx + b\int_\alpha^\beta g(x)\, dx$$

期望值的線性

$$E\,[aX + bY] = aE\,[X] + bE\,[Y]$$

米爾迦:「讓我們回到一開始的式子。

$$\binom{x}{y} = x\binom{1}{0} + y\binom{0}{1}$$

把焦點放在矩陣變換的線性,矩陣 $\left(\begin{smallmatrix} a & b \\ c & d \end{smallmatrix}\right)$ 可將點 $\binom{x}{y}$ 變換如下。」

$$\begin{pmatrix} a & b \\ c & d \end{pmatrix} \begin{pmatrix} x \\ y \end{pmatrix} = \begin{pmatrix} a & b \\ c & d \end{pmatrix} \left( \begin{pmatrix} x \\ 0 \end{pmatrix} + \begin{pmatrix} 0 \\ y \end{pmatrix} \right)$$

$$= \begin{pmatrix} a & b \\ c & d \end{pmatrix} \left( x \begin{pmatrix} 1 \\ 0 \end{pmatrix} + y \begin{pmatrix} 0 \\ 1 \end{pmatrix} \right)$$

$$= x \begin{pmatrix} a & b \\ c & d \end{pmatrix} \begin{pmatrix} 1 \\ 0 \end{pmatrix} + y \begin{pmatrix} a & b \\ c & d \end{pmatrix} \begin{pmatrix} 0 \\ 1 \end{pmatrix}$$

$$= x \begin{pmatrix} a \\ c \end{pmatrix} + y \begin{pmatrix} b \\ d \end{pmatrix}$$

蒂蒂：「啊……」

米爾迦：「變換前的點可以表示成兩個向量 $\begin{pmatrix} 1 \\ 0 \end{pmatrix}$ 與 $\begin{pmatrix} 0 \\ 1 \end{pmatrix}$ 的線性組合，如下。

$$\begin{pmatrix} x \\ y \end{pmatrix} = x \begin{pmatrix} 1 \\ 0 \end{pmatrix} + y \begin{pmatrix} 0 \\ 1 \end{pmatrix}$$

而變換後的點，可以表示成兩個向量 $\begin{pmatrix} a \\ c \end{pmatrix}$ 與 $\begin{pmatrix} b \\ d \end{pmatrix}$ 的線性組合，如下。」

$$\begin{pmatrix} ax + by \\ cx + dy \end{pmatrix} = x \begin{pmatrix} a \\ c \end{pmatrix} + y \begin{pmatrix} b \\ d \end{pmatrix}$$

蒂蒂：「是、是的。」

米爾迦：「表示變換後的點時所使用的兩個向量——$\begin{pmatrix} a \\ c \end{pmatrix}$ 與 $\begin{pmatrix} b \\ d \end{pmatrix}$，就是矩陣 $\begin{pmatrix} a & b \\ c & d \end{pmatrix}$ 的兩個行。妳剛才想說的就是這個吧？」

我：「是、是啊。因為可以用這兩個向量 $\begin{pmatrix} a \\ c \end{pmatrix}$、$\begin{pmatrix} b \\ d \end{pmatrix}$ 的線性組合來表示，所以變換前座標平面上的正方形座標格，在變換後就會轉變成平行四邊形。」

蒂蒂:「我、我覺得腦袋好像快要爆炸了。我想努力和線性變換成為『朋友』,但好像不怎麼容易。『線性變換這個東西』還是讓我覺得有點抽象……」

麗莎:「明明思考具體的東西就可以了。」

紅色少女麗莎輕咳了一聲。

「『會動的星空』和『星空的運動』是同一件事嗎?」

# 附錄：映射、變換、線性變換

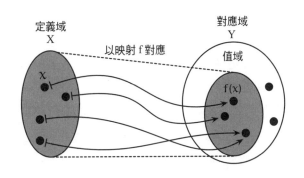

**映射的示意圖**

　　對於集合 $X$ 內的任何一個元素，都可在集合 $Y$ 中找到唯一與之對應的元素，這種對應關係就稱做從「$X$ 到 $Y$ 的**映射**」。此時，我們稱集合 $X$ 為這個映射的**定義域**，集合 $Y$ 為這個映射的**對應域**。

　　定義域為 $X$，對應域為 $Y$ 的映射 $f$ 寫做

$$f: X \rightarrow Y$$

　　若 $X$ 的元素 $x$ 經映射 $f$ 可對應到 $Y$ 的元素 $y$，則可寫成 $f(x)=y$，稱做「$x$ 經映射 $f$ 轉換後的**值**等於 $y$」。另外，$f(x)=y$ 有時也會寫成如下（注意箭頭為↦）。

$$f: x \mapsto y$$

　　設映射 $f$ 的定義域為 $X$，$x$ 為 $X$ 的一個元素，則 $f(x)$ 全體的集合稱做映射 $f$ 的值域。也就是說，映射 $f$ 的值域為集合 $\{f(x) \mid x$ 為定義域 $X$ 的元素 $\}$。

## 線性變換

　　若映射 $f$ 的定義域與對應域皆為集合 $V$，換言之，當 $f: V \rightarrow V$ 時，稱映射 $f$ 為 $V$ 到 $V$ 的**變換**。

　　這裡我們可以假設 $V$ 是所有二維向量的集合，也就是 $V = \{\vec{v} \mid \vec{v} = \binom{x}{y}$，$x, y$ 為實數 $\}$。並設 $a$、$b$ 為任意實數，$\vec{x}$、$\vec{y}$ 為 $V$ 的任意元素。當從 $V$ 到 $V$ 的變換 $f$ 滿足以下等式，我們可說變換 $f$ 是從 $V$ 到 $V$ 的**線性變換**。

$$f(a\vec{x} + b\vec{y}) = af(\vec{x}) + bf(\vec{y})$$

## 線性變換與矩陣的關係

　　前面說的「從 $V$ 到 $V$ 的線性變換」中，完全沒有提到矩陣。不過，線性變換與矩陣之間有以下關係*。

① 矩陣可表示從 $V$ 到 $V$ 的線性變換。
② 從 $V$ 到 $V$ 的線性變換可表示成矩陣。

### ① 矩陣可表示從 $V$ 到 $V$ 的線性變換。

　　設 $a$、$b$ 為兩個實數，$\vec{x}$、$\vec{y}$ 為 $V$ 的兩個元素，即兩個向量，那麼 $a\vec{x} + b\vec{y}$ 也會是 $V$ 的元素。

---

\* 這裡我們將 $2 \times 2$ 矩陣簡稱為矩陣。

計算矩陣 $A$ 和矩陣 $a\vec{x}+b\vec{y}$ 的乘積，可以知道以下等式成立。

$$A(a\vec{x} + b\vec{y}) = aA\vec{x} + bA\vec{y}$$

因此，「矩陣與向量相乘，可視為從 $V$ 到 $V$ 的映射」之敘述，便可理解為「矩陣 $A$ 可表示從 $V$ 到 $V$ 的線性變換」。

## ② 從 $V$ 到 $V$ 的線性變換可表示成矩陣。

設 $f$ 為從 $V$ 到 $V$ 的線性變換，且 $f$ 可將 $\vec{e}_x = \begin{pmatrix} 1 \\ 0 \end{pmatrix}, \vec{e}_y = \begin{pmatrix} 0 \\ 1 \end{pmatrix}$ 分別變換成 $\begin{pmatrix} p \\ r \end{pmatrix}$、$\begin{pmatrix} q \\ s \end{pmatrix}$。也就是說

$$f(\vec{e}_x) = \begin{pmatrix} p \\ r \end{pmatrix}, \quad f(\vec{e}_y) = \begin{pmatrix} q \\ s \end{pmatrix} \quad \cdots\cdots\heartsuit$$

此時，由 $\begin{pmatrix} p \\ r \end{pmatrix}$ 與 $\begin{pmatrix} q \\ s \end{pmatrix}$ 決定的矩陣 $\begin{pmatrix} p & q \\ r & s \end{pmatrix}$，可用來表示從 $V$ 到 $V$ 的線性變換 $f$。以下就讓我們來確認這件事。

設 $V$ 的任意元素 $\vec{v}$ 可用實數 $a$、$b$ 表示如下

$$\vec{v} = \begin{pmatrix} a \\ b \end{pmatrix} = a\begin{pmatrix} 1 \\ 0 \end{pmatrix} + b\begin{pmatrix} 0 \\ 1 \end{pmatrix}$$

即

$$\vec{v} = a\vec{e}_x + b\vec{e}_y$$

試求此時的 $f(\vec{v})$。

$$\begin{aligned}
f(\vec{v}) &= f(a\vec{e_x} + b\vec{e_y}) & &\text{因為 } \vec{v} = a\vec{e_x} + b\vec{e_y} \\
&= af(\vec{e_x}) + bf(\vec{e_y}) & &\text{因為 } f \text{ 為線性變換} \\
&= a\begin{pmatrix} p \\ r \end{pmatrix} + b\begin{pmatrix} q \\ s \end{pmatrix} & &\text{由}\heartsuit \\
&= \begin{pmatrix} ap + bq \\ ar + bs \end{pmatrix} & &\text{元素的計算} \\
&= \begin{pmatrix} p & q \\ r & s \end{pmatrix}\begin{pmatrix} a \\ b \end{pmatrix} & &\text{矩陣與向量的乘積}
\end{aligned}$$

故可得

$$f(\vec{v}) = \begin{pmatrix} p & q \\ r & s \end{pmatrix}\begin{pmatrix} a \\ b \end{pmatrix}$$

線性變換 $f$，確實可以表示成矩陣 $\begin{pmatrix} p & q \\ r & s \end{pmatrix}$。

## 第 4 章的問題

●問題 4-1（平移）

設有一種變換可將座標平面上的點 $\begin{pmatrix} x \\ y \end{pmatrix}$ 全部往右平移 1，即

$$\begin{pmatrix} x \\ y \end{pmatrix} \mapsto \begin{pmatrix} x+1 \\ y \end{pmatrix}$$

試問可以用矩陣與這個點的乘積來表示這種變換嗎？

（解答在 p.273）

●問題 4-2（求變換後的點）

矩陣①～⑦會將座標平面上的點 $\begin{pmatrix} 2 \\ 1 \end{pmatrix}$ 移動到何處？

① $\begin{pmatrix} 0 & 0 \\ 0 & 0 \end{pmatrix}$

② $\begin{pmatrix} \frac{1}{2} & 0 \\ 0 & 2 \end{pmatrix}$

③ $\begin{pmatrix} 1 & 1 \\ 0 & 0 \end{pmatrix}$

④ $\begin{pmatrix} 1 & 2 \\ 0 & 1 \end{pmatrix}$

⑤ $\begin{pmatrix} 0 & -1 \\ 1 & 0 \end{pmatrix}$

⑥ $\begin{pmatrix} 0 & 1 \\ -1 & 0 \end{pmatrix}$

⑦ $\begin{pmatrix} \cos\theta & -\sin\theta \\ \sin\theta & \cos\theta \end{pmatrix}$

（解答在 p.274）

●問題 4-3（求變換後的圖形）

矩陣①～⑦會將下面這個座標平面上的圖形變換成什麼樣子？

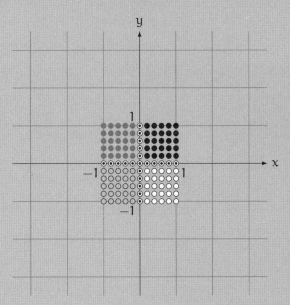

① $\begin{pmatrix} 0 & 0 \\ 0 & 0 \end{pmatrix}$

② $\begin{pmatrix} \frac{1}{2} & 0 \\ 0 & 2 \end{pmatrix}$

③ $\begin{pmatrix} 1 & 1 \\ 0 & 0 \end{pmatrix}$

④ $\begin{pmatrix} 1 & 2 \\ 0 & 1 \end{pmatrix}$

⑤ $\begin{pmatrix} 0 & -1 \\ 1 & 0 \end{pmatrix}$

⑥ $\begin{pmatrix} 0 & 1 \\ -1 & 0 \end{pmatrix}$

⑦ $\begin{pmatrix} \cos\theta & -\sin\theta \\ \sin\theta & \cos\theta \end{pmatrix}$

（解答在 p.276）

●問題 4-4（直線的變換）

矩陣 $\begin{pmatrix} 2 & 1 \\ 1 & 3 \end{pmatrix}$ 會將方程式 $x + 2y = 2$ 所表示的直線變換成什麼樣子呢？

提示：用方程式 $x + 2y = 2$ 表示的直線用參數 $t$ 表示如下。

$$\begin{pmatrix} x \\ y \end{pmatrix} = \begin{pmatrix} 2 \\ 0 \end{pmatrix} + t \begin{pmatrix} -2 \\ 1 \end{pmatrix}$$

（解答在 p.281）

第 5 章

# 行列式可決定的東西

「我看著你的臉，知道你就是你。」

## 5.1 矩陣的積

這裡是視聽教室。

麗莎操作著電腦，在投影屏幕上顯示出各種圖形。

米爾迦看著這些圖形，一一說明各種線性變換。

蒂蒂聽著說明，時不時舉手提問。

蒂蒂：「剛才提到的『和的線性變換，等於線性變換的和』，
　　　還有線性的可交換性……這讓我有些混亂。」

我：「蒂蒂並沒有混亂啊。」

蒂蒂：「可是，矩陣之間不能交換對吧？既然這樣，為什麼線
　　　性變換又可以交換了呢？實在是不懂……」

米爾迦：「蒂蒂確實有些混亂。『和的線性變換，等於線性變
　　　換的和』指的是：『和』這個運算方式與『線性變換』這
　　　個運算方式可以交換。」

蒂蒂：「是的，這個我知道。」

米爾迦：「矩陣的交換律不成立，指的則是 $AB$ 乘積與 $BA$ 乘積
　　　　不一定會相等。」

蒂蒂：「啊⋯⋯是這樣沒錯。這樣我懂了。」

米爾迦：「蒂蒂會用言語表達出自己懂了。」

　　米爾迦用手指指著蒂蒂。

蒂蒂：「是的。這樣我就知道自己混亂的原因了。線性的可交
　　　換指的是『和』這種運算與『線性變換』這種運算可以交
　　　換。而說明矩陣沒有的乘法交換律時所提到的交換，則是
　　　指相乘的兩個矩陣不能交換位置。我把這兩種完全不同的
　　　交換搞混了。雖然都叫做『交換』，但還是要說明清楚是
　　　什麼和什麼的交換才行。」

我：「等一下喔。剛才有提到**矩陣的乘積**對吧？矩陣相乘之後
　　還是矩陣，這是否也能算是一種線性變換呢？」

米爾迦：「矩陣的乘積，可以表示成**線性變換的合成**。」

我：「合成？」

米爾迦：「某個點 $\vec{x}$ 經 $A$ 的線性變換後，會移動到 $A\vec{x}$；點 $A\vec{x}$
　　　　再經 $B$ 的線性變換後，會移動到點 $B(A\vec{x})$。」

我：「是這個意思嗎？」

$$\vec{x} \xmapsto{\ A\ } A\vec{x} \xmapsto{\ B\ } B(A\vec{x})$$

米爾迦：「正是如此。這個點 x 經過兩個線性變換 $A$ 與 $B$ 之後，會移動到 $B(A\vec{x})$。這種線性變換就稱做 $A$ 與 $B$ 這兩種線性變換的合成。」

我：「……」

米爾迦：「有趣的是，這種由 $A$ 和 $B$ 兩個線性變換合成的結果，會等於 $BA$ 這個線性變換。也就是說，$\vec{x}$ 經 $BA$ 的線性變換後得到的點 $(BA)\vec{x}$，必定會和點 $B(A\vec{x})$ 一致。」

$$\vec{x} \quad \xrightarrow{\quad\quad BA \quad\quad} \quad (BA)\vec{x}$$

蒂蒂：「$BA$……？」

米爾迦：「換言之，矩陣相乘可以想成是線性變換的合成。」

我：「太有趣了！」

蒂蒂：「咦、咦？什麼意思？」

米爾迦：「也就是說，我們可以用線性變換的合成，來定義矩陣相乘這件事。」

我：「將元素『相乘、相乘、相加』的計算，居然可以衍生出這樣的性質呢！」

蒂蒂：「等一下、等一下啦！不要不管我啊！能不能……舉個例子呢？」

## 5.2 線性變換的合成

米爾迦:「麗莎,改用矩陣 $A=\begin{pmatrix} 2 & 1 \\ 1 & 3 \end{pmatrix}$ 和矩陣 $B=\begin{pmatrix} 0 & -1 \\ 1 & 0 \end{pmatrix}$ 進行變換。」

麗莎:「變換原本的圖形?」

米爾迦:「變換四點為 $\begin{pmatrix} 0 \\ 0 \end{pmatrix}$、$\begin{pmatrix} 1 \\ 0 \end{pmatrix}$、$\begin{pmatrix} 1 \\ 1 \end{pmatrix}$、$\begin{pmatrix} 0 \\ 1 \end{pmatrix}$ 的正方形。」

麗莎:「先用 $A$ 變換,再用 $B$ 變換。」

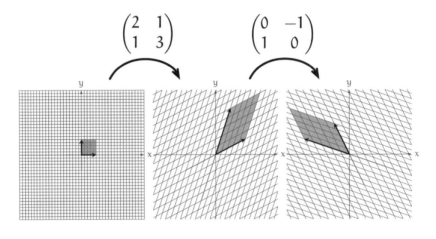

先用 $A=\begin{pmatrix} 2 & 1 \\ 1 & 3 \end{pmatrix}$ 變換,再用 $B=\begin{pmatrix} 0 & -1 \\ 1 & 0 \end{pmatrix}$ 變換

米爾迦:「改用 $BA$ 來變換同一個正方形。」

麗莎:「用 $BA=\begin{pmatrix} 0 & -1 \\ 1 & 0 \end{pmatrix}\begin{pmatrix} 2 & 1 \\ 1 & 3 \end{pmatrix}=\begin{pmatrix} -1 & -3 \\ 2 & 1 \end{pmatrix}$ 進行變換。」

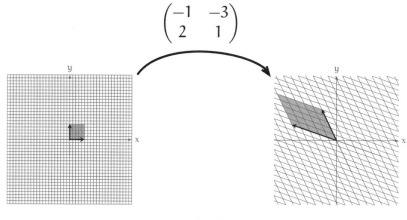

$$BA = \begin{pmatrix} -1 & -3 \\ 2 & 1 \end{pmatrix}$$ 的變換

蒂蒂:「原來如此。用 $A$ 和 $B$ 進行兩階段變換,和用 $BA$ 進行一階段變換,得到的結果是一樣的。好像……有點懂了。這就是用矩陣 $A$ 移動座標平面上的點 $\vec{x}$。計算矩陣 $A$ 與向量 $\vec{x}$ 的乘積,可以知道點會移動到 $A\vec{x}$。若再用矩陣 $B$ 移動點 $A\vec{x}$,則可移動到 $B(A\vec{x})$。就結果而言,兩階段移動之後得到的點 $B(A\vec{x})$,和 $(BA)\vec{x}$ 所代表的點是一樣的——就是這麼回事吧。我一開始還在想,為什麼不是 $(AB)\vec{x}$ 呢,現在知道應該是 $(BA)\vec{x}$ 才對。」

米爾迦:「當然,我們也可以把矩陣的元素寫出來確認清楚,也就是比較

$$\vec{x} \xmapsto{\quad A \quad} A\vec{x} \xmapsto{\quad B \quad} B(A\vec{x})$$

和

$$\vec{x} \xmapsto{\qquad\quad BA \qquad\quad} (BA)\vec{x}$$

的異同。」

蒂蒂：「我、我來試試看！設

$$A = \begin{pmatrix} a_{11} & a_{12} \\ a_{21} & a_{22} \end{pmatrix}, \quad B = \begin{pmatrix} b_{11} & b_{12} \\ b_{21} & b_{22} \end{pmatrix}, \quad \vec{x} = \begin{pmatrix} x \\ y \end{pmatrix}$$

要證明的是

$$B(A\vec{x}) \quad \text{和} \quad (BA)\vec{x}$$

兩者相等對吧？我馬上來算！」

$$\begin{aligned}
B(A\vec{x}) &= \begin{pmatrix} b_{11} & b_{12} \\ b_{21} & b_{22} \end{pmatrix} \left( \begin{pmatrix} a_{11} & a_{12} \\ a_{21} & a_{22} \end{pmatrix} \begin{pmatrix} x \\ y \end{pmatrix} \right) \\
&= \begin{pmatrix} b_{11} & b_{12} \\ b_{21} & b_{22} \end{pmatrix} \begin{pmatrix} a_{11}x + a_{12}y \\ a_{21}x + a_{22}y \end{pmatrix} \\
&= \begin{pmatrix} b_{11}(a_{11}x + a_{12}y) + b_{12}(a_{21}x + a_{22}y) \\ b_{21}(a_{11}x + a_{12}y) + b_{22}(a_{21}x + a_{22}y) \end{pmatrix} \\
&= \begin{pmatrix} b_{11}a_{11}x + b_{11}a_{12}y + b_{12}a_{21}x + b_{12}a_{22}y \\ b_{21}a_{11}x + b_{21}a_{12}y + b_{22}a_{21}x + b_{22}a_{22}y \end{pmatrix}
\end{aligned}$$

我：「沒錯。」

蒂蒂：「於是可以得到樣。」

$$B(A\vec{x}) = \begin{pmatrix} b_{11}a_{11}x + b_{11}a_{12}y + b_{12}a_{21}x + b_{12}a_{22}y \\ b_{21}a_{11}x + b_{21}a_{12}y + b_{22}a_{21}x + b_{22}a_{22}y \end{pmatrix}$$

我：「接下來要計算的是由 $BA$ 乘積進行的變換，也就是

$$\vec{x} \xmapsto{\quad BA \quad} (BA)\vec{x}$$

這樣的計算……」

蒂蒂：「好的！要先計算 $BA$ 對吧！」

$$(BA)\vec{x} = \left( \begin{pmatrix} b_{11} & b_{12} \\ b_{21} & b_{22} \end{pmatrix} \begin{pmatrix} a_{11} & a_{12} \\ a_{21} & a_{22} \end{pmatrix} \right) \begin{pmatrix} x \\ y \end{pmatrix}$$

$$= \begin{pmatrix} b_{11}a_{11} + b_{12}a_{21} & b_{11}a_{12} + b_{12}a_{22} \\ b_{21}a_{11} + b_{22}a_{21} & b_{21}a_{12} + b_{22}a_{22} \end{pmatrix} \begin{pmatrix} x \\ y \end{pmatrix}$$

$$= \begin{pmatrix} (b_{11}a_{11} + b_{12}a_{21})x + (b_{11}a_{12} + b_{12}a_{22})y \\ (b_{21}a_{11} + b_{22}a_{21})x + (b_{21}a_{12} + b_{22}a_{22})y \end{pmatrix}$$

$$= \begin{pmatrix} b_{11}a_{11}x + b_{12}a_{21}x + b_{11}a_{12}y + b_{12}a_{22}y \\ b_{21}a_{11}x + b_{22}a_{21}x + b_{21}a_{12}y + b_{22}a_{22}y \end{pmatrix}$$

$$= \begin{pmatrix} b_{11}a_{11}x + b_{11}a_{12}y + b_{12}a_{21}x + b_{12}a_{22}y \\ b_{21}a_{11}x + b_{21}a_{12}y + b_{22}a_{21}x + b_{22}a_{22}y \end{pmatrix}$$

蒂蒂：「於是可以得到

$$(BA)\vec{x} = \begin{pmatrix} b_{11}a_{11}x + b_{11}a_{12}y + b_{12}a_{21}x + b_{12}a_{22}y \\ b_{21}a_{11}x + b_{21}a_{12}y + b_{22}a_{21}x + b_{22}a_{22}y \end{pmatrix}$$

這確實和 $B(A\vec{x})$ 的結果一樣！」

我：「蒂蒂的計算速度真快！」

蒂蒂：「沒有啦。我在計算時發現了一件事。這和確認矩陣相乘是否有**結合律**時的計算一樣喔*。」

米爾迦：「用這個圖來表示 $B(A\vec{x}) = (BA)\vec{x}$ 會更清楚。」

---

* 參考問題 3-3 的解答（p.270）。

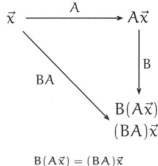

$$B(A\vec{x}) = (BA)\vec{x}$$

我：「一想到矩陣可以視為線性變換，就明白為什麼矩陣的乘法交換律不會成立了。」

蒂蒂：「為什麼呢？」

我：「因為，

先用 $A = \begin{pmatrix} 2 & 1 \\ 1 & 3 \end{pmatrix}$ 變形，再用 $B = \begin{pmatrix} 0 & -1 \\ 1 & 0 \end{pmatrix}$ 旋轉

和

先用 $B = \begin{pmatrix} 0 & -1 \\ 1 & 0 \end{pmatrix}$ 旋轉，再用 $A = \begin{pmatrix} 2 & 1 \\ 1 & 3 \end{pmatrix}$ 變形

這兩個明顯會得到不同結果。」

蒂蒂：「明顯……是嗎？」

我：「試著比較看看 $BA$ 和 $AB$ 吧！」

$$BA = \begin{pmatrix} 0 & -1 \\ 1 & 0 \end{pmatrix} \begin{pmatrix} 2 & 1 \\ 1 & 3 \end{pmatrix} = \begin{pmatrix} -1 & -3 \\ 2 & 1 \end{pmatrix}$$

$$AB = \begin{pmatrix} 2 & 1 \\ 1 & 3 \end{pmatrix} \begin{pmatrix} 0 & -1 \\ 1 & 0 \end{pmatrix} = \begin{pmatrix} 1 & -2 \\ 3 & -1 \end{pmatrix}$$

麗莎：「顯示比較結果。」

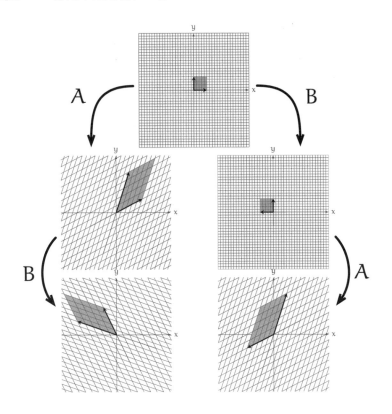

比較 $BA$ 與 $AB$ 的變換

蒂蒂：「左邊是先用 $A$ 變換，再用 $B$ 變換，所以是 $BA$；右邊是先用 $B$ 變換，再用 $A$ 變換，所以是 $AB$，對吧？」

我：「兩者的差異相當清楚呢，真不愧是麗莎。」

麗莎：「……（咳）」

蒂蒂：「好像有點懂了。但是，我到底是懂了什麼，又為什麼
　　　懂了呢？」

米爾迦：「懂了什麼，又為什麼懂了？」

蒂蒂：「是的。我確認過線性變換的合成順序在交換後不一定
　　　會得到和原來一樣的結果，也確認過矩陣相乘時的順序在
　　　交換後不一定會得到和原來一樣的結果。但是……總覺得
　　　這是兩回事。」

米爾迦：「嗯。蒂蒂正在思考的應該是三個『數學性主張』之
　　　間的關係吧？」

①矩陣 $A$ 所代表的線性變換，與矩陣 $B$ 所代表的線性變換合成
　後，會等於矩陣 $BA$ 所代表的線性變換。
②矩陣 $AB$ 所代表的線性變換，和矩陣 $BA$ 所代表的線性變換不
　一定相等。
③矩陣 $AB$ 與矩陣 $BA$ 不一定相等。

蒂蒂：「這是……？」

米爾迦：「①是矩陣與線性變換的關係、②是線性變換的性質、
　　　③是矩陣的性質。因為①成立，故②和③可視為同樣的主
　　　張。」

蒂蒂：「這樣啊……」

米爾迦：「蒂蒂在意的應該是認同感吧。

　• 如果能理解①和②，就能認同③。
　• 如果能理解①和③，就能認同②。

蒂蒂在意的並不是哪一種說法是對的，而是應該要用什麼做為基準去認同哪一種說法。」

我：「我們可以用矩陣清楚描述出線性變換。」

蒂蒂：「……線性變換的合成，可以和矩陣相乘對應。總覺得線性變換看起來愈來愈像一個『東西』了。」

米爾迦：「嗯？」

蒂蒂：「線性變換在合成後會得到新的線性變換，這可以對應到矩陣相乘後會得到新的矩陣，對吧？另外，數值相乘後也會得到新的數不是嗎？這表示，『名為變換之物』可以像數值一樣拿來計算！」

米爾迦：「矩陣，提供了線性變換的外在。」

## 5.3　逆矩陣與逆變換

我：「對了，米爾迦。既然矩陣的相乘可以表示變換的合成，那麼逆矩陣能否視為逆變換呢？」

米爾迦：「不是『能否視為』，而是『正好就是』。」

蒂蒂：「請等一下。為什麼話題一下子從矩陣相乘變成逆矩陣了？」

我：「因為 $A$ 的逆矩陣就是乘上 $A$ 以後會變成單位矩陣的矩陣，所以從矩陣相乘的話題談到逆矩陣一點也不奇怪喔！」

$$AA^{-1} = A^{-1}A = I$$

蒂蒂:「啊……真的是耶。」

我:「$A^{-1}$ 與 $A$ 相乘,可得 $A^{-1}A = I$,即單位矩陣。這表示,將 $A$ 所代表的線性變換,與 $A^{-1}$ 所代表的線性變換合成之後,就會成為『維持原樣』的變換。單位矩陣就是一個表示『維持原樣』的變換。」

米爾迦:「也就是恆等變換。將任意點移動到自己本身的位置,稱做恆等變換。單位矩陣就代表著恆等變換。」

蒂蒂:「不移動的變換也是一種變換啊……單位矩陣、逆矩陣,各個名詞都藉由變換連繫在一起了。」

米爾迦:「當 $A = \begin{pmatrix} a & b \\ c & d \end{pmatrix}$,且 $ad - bc \neq 0$,可由以下方式計算出 $A^{-1}$。

$$A^{-1} = \begin{pmatrix} a & b \\ c & d \end{pmatrix}^{-1} = \frac{1}{ad - bc} \begin{pmatrix} d & -b \\ -c & a \end{pmatrix}$$

譬如說,當 $A = \begin{pmatrix} 2 & 1 \\ 1 & 3 \end{pmatrix}$,逆矩陣如下。

$$\begin{pmatrix} 2 & 1 \\ 1 & 3 \end{pmatrix}^{-1} = \frac{1}{2 \times 3 - 1 \times 1} \begin{pmatrix} 3 & -1 \\ -1 & 2 \end{pmatrix}$$
$$= \frac{1}{5} \begin{pmatrix} 3 & -1 \\ -1 & 2 \end{pmatrix}$$

麗莎?」

麗莎:「顯示 $A^{-1}A$ 和 $AA^{-1}$。」

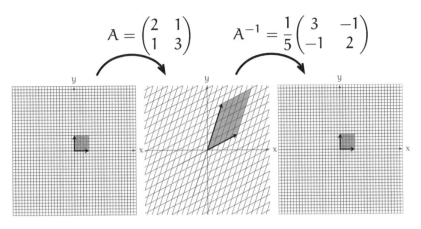

以 $A$ 進行變換，再以 $A^{-1}$ 進行變換

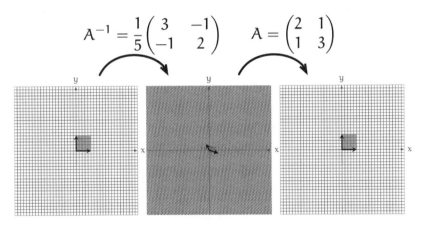

以 $A^{-1}$ 進行變換，再以 $A$ 進行變換

蒂蒂：「原來如此。用某個矩陣改變形狀後，它的逆矩陣可以
　　　再把形狀變回來。這麼說來，剛才小麗莎——麗莎也用過
　　　$\begin{pmatrix} 2 & 0 \\ 0 & 2 \end{pmatrix}$ 這個矩陣，做出了很多往外擴張的箭頭（p.147）。」

麗莎：「以箭頭顯示 $\begin{pmatrix} 2 & 0 \\ 0 & 2 \end{pmatrix}$。」

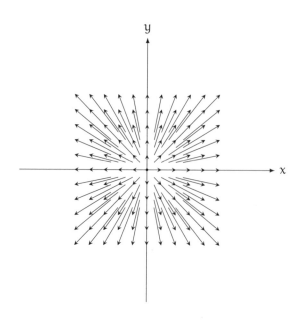

以矩陣 $\begin{pmatrix} 2 & 0 \\ 0 & 2 \end{pmatrix}$ 進行變換的前後差異

蒂蒂：「就是這個。$\begin{pmatrix} 2 & 0 \\ 0 & 2 \end{pmatrix}$ 這個矩陣的逆矩陣,應該就是把圖中的箭頭倒過來吧?讓點回到原來的位置。」

麗莎：「以箭頭顯示 $\begin{pmatrix} 2 & 0 \\ 0 & 2 \end{pmatrix}^{-1}$。」

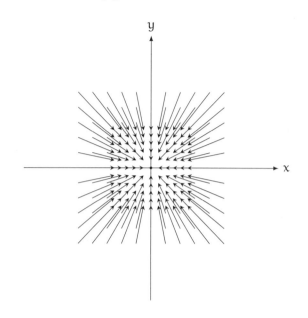

以矩陣 $\begin{pmatrix} 2 & 0 \\ 0 & 2 \end{pmatrix}^{-1}$ 進行變換的前後差異

蒂蒂：「就是這個！以矩陣

$$\begin{pmatrix} a & b \\ c & d \end{pmatrix}$$

變換後的點，再經矩陣

$$\frac{1}{ad-bc}\begin{pmatrix} d & -b \\ -c & a \end{pmatrix}$$

變換，就會回到原來的位置，這很有趣耶！要回到原來的位置時，不是拿掉原本的變換，而是進行新的變換。新的

變換可以將箭頭反轉過來，使點回到原處……咦？是不是有點奇怪呢？」

我：「妳覺得哪裡奇怪呢？」

蒂蒂：「表示矩陣如何移動點的箭頭一定可以反轉。如果存在從這個點移動到那個點的箭頭，一定也會存在從那個點回到這個點的箭頭。這表示，逆變換一定存在。可是，逆矩陣卻不一定存在啊……這不是有點奇怪嗎？」

## 5.4　逆矩陣是否存在

我：「不，這是蒂蒂誤會了喔。$ad - bc = 0$ 時，逆矩陣不存在，逆變換也不存在喔！」

蒂蒂：「$ad - bc = 0$ 的矩陣不存在逆矩陣——那 $ad - bc = 0$ 的矩陣又是表示什麼樣的變換呢？」

我：「不如請麗莎幫我們畫一下吧。譬如說，$\begin{pmatrix} 2 & 2 \\ 1 & 1 \end{pmatrix}$ 就沒有逆矩陣。可以讓我們看一下矩陣 $\begin{pmatrix} 2 & 2 \\ 1 & 1 \end{pmatrix}$ 的變換嗎？」

麗莎：「開始顯示。」

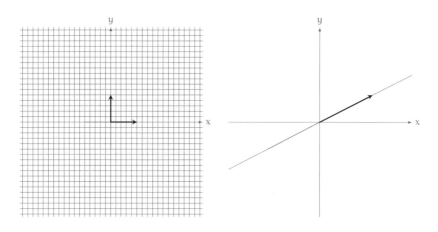

矩陣 $\begin{pmatrix} 2 & 2 \\ 1 & 1 \end{pmatrix}$ 對座標平面的變換

蒂蒂：「好像沒有顯示完整耶……不是有兩個箭頭嗎？」

麗莎：「已正常顯示完畢。」

我：「像剛才一樣用箭頭來表示點在變換前後的樣子應該會比較清楚吧。」

麗莎：「以箭頭顯示 $\begin{pmatrix} 2 & 2 \\ 1 & 1 \end{pmatrix}$。」

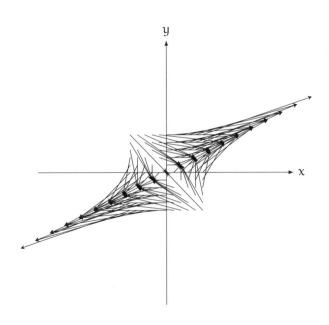

以矩陣 $\begin{pmatrix} 2 & 2 \\ 1 & 1 \end{pmatrix}$ 進行變換的前後差異

米爾迦：「強調變換後的點的位置，看起來應該會比較清楚。」

麗莎：「要求過多。」

米爾迦：「但是麗莎做得到。」

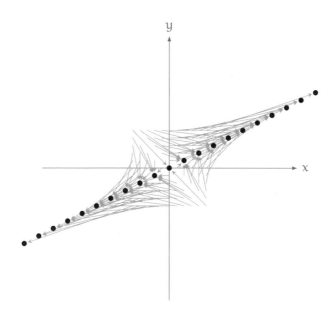

以矩陣 $\begin{pmatrix} 2 & 2 \\ 1 & 1 \end{pmatrix}$ 進行變換的前後差異（強調變換後的點）

我：「嗯，整個座標平面會被壓扁成一條直線。」

蒂蒂：「原來如此！確實，這樣就不能進行逆變換了！」

米爾迦：「蒂蒂，試著用言語表達理由。」

蒂蒂：「無法逆變換的理由……」

米爾迦：「為什麼不能逆變換？」

蒂蒂：「因為沒辦法恢復原狀，是嗎？」

米爾迦：「我想問的是，為什麼沒辦法恢復原狀？」

蒂蒂：「……」

我：「這時候，可以試著想想看 $\begin{pmatrix} 1 \\ 0 \end{pmatrix}$ 和 $\begin{pmatrix} 0 \\ 1 \end{pmatrix}$ 會被這個矩陣移動到哪裡……」

蒂蒂：「矩陣 $\begin{pmatrix} 2 & 2 \\ 1 & 1 \end{pmatrix}$ 可以將 $\begin{pmatrix} 1 \\ 0 \end{pmatrix}$ 移動到 $\begin{pmatrix} 2 \\ 1 \end{pmatrix}$，將 $\begin{pmatrix} 0 \\ 1 \end{pmatrix}$ 移動到……啊，也是移動到 $\begin{pmatrix} 2 \\ 1 \end{pmatrix}$ 耶

$$\begin{pmatrix} 1 \\ 0 \end{pmatrix} \xrightarrow{\begin{pmatrix} 2 & 2 \\ 1 & 1 \end{pmatrix}} \begin{pmatrix} 2 \\ 1 \end{pmatrix}$$

$$\begin{pmatrix} 0 \\ 1 \end{pmatrix} \xrightarrow{\begin{pmatrix} 2 & 2 \\ 1 & 1 \end{pmatrix}} \begin{pmatrix} 2 \\ 1 \end{pmatrix}$$

原來如此！因為相異兩點會移到同一個點 $\begin{pmatrix} 2 \\ 1 \end{pmatrix}$，所以沒辦法恢復原狀！因為不曉得要把 $\begin{pmatrix} 2 \\ 1 \end{pmatrix}$ 移回 $\begin{pmatrix} 1 \\ 0 \end{pmatrix}$ 還是 $\begin{pmatrix} 0 \\ 1 \end{pmatrix}$。」

米爾迦：「就是這樣。矩陣 $\begin{pmatrix} 2 & 2 \\ 1 & 1 \end{pmatrix}$ 的變換中，會把多個點移動到 $\begin{pmatrix} 2 \\ 1 \end{pmatrix}$。所以，就算把箭頭反轉，也沒辦法回到唯一的點上。所以，逆變換不存在。」

我：「零矩陣所表示的變換也不存在逆變換喔！零矩陣所表示的變換，是將座標平面上的任一點移動到單一原點，所以不存在逆變換。」

蒂蒂：「請、請等一下。我整理一下！」

| 『矩陣的世界』 | ←----→ | 『變換的世界』 |
|:---:|:---:|:---:|
| 零矩陣 | ←----→ | 移動到原點的變換 |
| 單位矩陣 | ←----→ | 恆等變換 |
| 矩陣積 | ←----→ | 變換的合成 |
| 逆矩陣 | ←----→ | 逆變換 |
| 不存在逆矩陣 | ←----→ | 不存在逆變換 |

米爾迦：「『不存在逆矩陣』相當於『行列式為 0』。」

蒂蒂：「行列式……」

## 5.5 行列式與逆矩陣

米爾迦：「若矩陣 $\begin{pmatrix} a & b \\ c & d \end{pmatrix}$ 的 $ad - bc = 0$，則該矩陣不存在逆矩陣。相對的，若 $\begin{pmatrix} a & b \\ c & d \end{pmatrix}$ 的 $ad - bc \neq 0$，則存在逆矩陣。這裡的 $ad - bc$ 就是矩陣 $\begin{pmatrix} a & b \\ c & d \end{pmatrix}$ 的行列式。」

---

行列式

對於矩陣 $A = \begin{pmatrix} a & b \\ c & d \end{pmatrix}$

$$ad - bc$$

稱做 $A$ 的**行列式**，寫做 $|A|$。另外，$\begin{pmatrix} a & b \\ c & d \end{pmatrix}$ 的行列式寫做 $\begin{vmatrix} a & b \\ c & d \end{vmatrix}$。即

$$\begin{vmatrix} a & b \\ c & d \end{vmatrix} = ad - bc$$

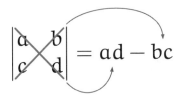

行列式 $ad - bc$ 的記憶方式

---

蒂蒂：「行列式可以用來判斷逆矩陣是否存在吧？如果行列式
　　　 是 0 的話，逆矩陣就不存在；不是 0 的話，逆矩陣就存在
　　　 ……總覺得和二次方程式的判別式有點像。」

## 5.6　行列式與面積

我：「行列式也可以表示面積喔。面積為 1 的正方形經矩陣
　　 $\begin{pmatrix} a & b \\ c & d \end{pmatrix}$ 變換後，面積會變成 $ad - bc$。」

蒂蒂：「咦……」

米爾迦：「行列式 $ad - bc$ 也有可能是負的。」

我：「啊，說的也是。那應該要加上絕對值，寫成 $|ad - bc|$ 才
　　 是面積。」

蒂蒂：「確實，如果行列式為 0，面積也會是 0！」

米爾迦：「因為可以把任何圖形的面積變成 $|ad - bc|$ 倍，所以
　　　　 也可以說是面積的擴大率。」

行列式與面積的擴大率

以矩陣 $\begin{pmatrix} a & b \\ c & d \end{pmatrix}$ 變換圖形，可以使圖形面積變為 $|\,ad-bc\,|$ 倍。

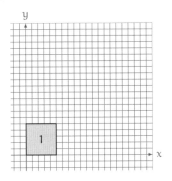 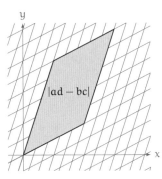

米爾迦：「如果不加絕對值，只考慮行列式 $ad-bc$，其正負號可以視為 $\begin{pmatrix} a \\ c \end{pmatrix}$ 和 $\begin{pmatrix} b \\ d \end{pmatrix}$ 這兩個向量夾出來的面的方向。也就是有正負號的面積。」

我：「說到有正負號的面積，就會讓人想到定積分呢[*]。」

## 5.7 行列式與向量

蒂蒂：「我知道行列式為 0 的矩陣沒有逆矩陣了，也知道經這樣的矩陣變換後，得到的圖形面積會是 0。可是，我還想要多認識 $ad-bc=0$ 這個式子，和它成為『朋友』……」

---

[*] 參考《數學女孩秘密筆記：積分篇》（世茂出版）。

米爾迦：「$ad - bc = 0$ 時，$\binom{a}{c}$ 和 $\binom{b}{d}$ 這兩個向量會有什麼特徵呢？」

我：「如果這兩個向量中，其中一個是零向量 $\binom{0}{0}$ 的話，行列式就是 0 對吧？」

米爾迦：「$\binom{a}{c} = \binom{0}{0}$ 或 $\binom{b}{d} = \binom{0}{0}$ 時，行列式當然是 0。所以試著想想看 $\binom{a}{c} \neq \binom{0}{0}$ 且 $\binom{b}{d} \neq \binom{0}{0}$ 的情況吧。當行列式為 0，這兩個向量會有什麼特徵呢？」

我：「這兩個向量會方向一致，或者會方向相反對吧！」

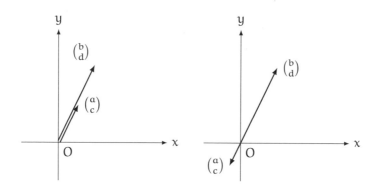

米爾迦：「因為我們已經排除了零向量，所以我們可以說向量 $\binom{b}{d}$ 是向量 $\binom{a}{c}$ 的實數倍。」

我：「確實如此，也就是說，因為存在實數 r 使這個等式成立，

$$r\binom{a}{c} = \binom{b}{d}$$

所以行列式為 0 的矩陣可以寫成如下形式。」

$$\begin{pmatrix} a & b \\ c & d \end{pmatrix} = \begin{pmatrix} a & ra \\ c & rc \end{pmatrix}$$

蒂蒂：「所以，此時行列式就是——

$$\begin{aligned} \begin{vmatrix} a & b \\ c & d \end{vmatrix} &= \begin{vmatrix} a & ra \\ c & rc \end{vmatrix} \\ &= a(rc) - (ra)c \\ &= acr - acr \\ &= 0 \end{aligned}$$

——確實是 0！」

我：「是啊。」

蒂蒂：「啊⋯⋯原來我們可以從行列式中看出許多事呢！」

- 行列式＝0 時，該矩陣不存在逆矩陣；另一方面，行列式≠0 時，該矩陣存在逆矩陣。
- 行列式＝0 時，該矩陣會將整個座標平面變換成直線或原點。
- 行列式的絕對值，表示該矩陣會將圖形的面積轉變成幾倍。
- 設向量 $\begin{pmatrix} a \\ c \end{pmatrix}$ 與 $\begin{pmatrix} b \\ d \end{pmatrix}$ 皆不是零向量，當行列式＝$ad - bc$＝0，$\begin{pmatrix} a \\ c \end{pmatrix}$ 與 $\begin{pmatrix} b \\ d \end{pmatrix}$ 這兩個向量不是同向就是反向。

米爾迦：「畢竟『determine』是行列式的工作。」

蒂蒂：「『determine』……決定？決定什麼呢？」

米爾迦：「決定矩陣的性質、決定矩陣所代表的變換的性質。行列式可說是『determine』矩陣所描繪事物的一個數值。所以行列式的英文就叫做『determinant』。行列式可以寫成 $|A|$，不過也可以寫成

$$\det A$$

當然，det 是『determinant』的簡寫。」

蒂蒂：「比起行列式這個字，『determinant』這個字還比較明白呢！聽到行列式，總會讓我想到一行行的算式。」

麗莎：「名字很重要。」

於是，我們就這樣在放學後度過了愉快的時光。

---

## 5.8　由梨

幾天後，到了週末。由梨和平常一樣來找我玩。

我：「我們聊了許多和矩陣有關的話題喔。」

由梨：「怎麼這樣！難以置信！為什麼那麼有趣的事不找由梨一起呢？」

我把那天和大家聊天的內容，包括矩陣與線性變換等，一一說給由梨聽。用矩陣對座標平面進行變換、矩陣計算與線性變換的關係，以及行列式。

我：「由梨不是國中生嗎？不是說找就能馬上找的吧？」

由梨：「唔……」

我：「照麗莎的講法，電腦繪圖程式中也會用到矩陣。」

由梨：「咦！電腦也會用到數學嗎？」

我：「電腦繪圖程式運作時，會先在畫面上顯示出許多圖形，再將顯示出來的圖形進行變形。程式需決定在哪個地方畫出什麼樣的圖形，這和我們在座標平面上對點的操作是一樣的。顯示在畫面上的圖形是許多點的集合，改變點的位置，就能讓圖形移動。」

由梨：「原來如此……我以為是在討論矩陣的計算。」

我：「當然也會討論到計算——也就是代數的話題囉！麗莎給我們看的是一些幾何的原理。代數與幾何有很密切的關係。當矩陣 $\begin{pmatrix} a & b \\ c & d \end{pmatrix}$ 的行列式 $ad - bc$ 為 0，圖形就會被壓扁。此時，這個矩陣的逆矩陣不存在，也沒辦法進行逆變換。」

由梨：「嗯嗯。要計算出 $ad - bc$ 的答案在進行判斷是嗎？」

我：「是啊。據說萊布尼茲研究**聯立方程式**的解是否存在時，就有用到行列式。嗯，對了，日本的關孝和在萊布尼茲之前也有提出過行列式的概念喔。」

由梨：「等等，聯立方程式？」

我：「行列式為 0 時，逆矩陣不存在，聯立方程式也解不出來
　　──不，說解不出來也不大對。應該說聯立方程式沒有唯
　　一解。」

由梨：「聯立方程式……？」

我：「也就是說，行列式為 0 時，聯立方程式『沒有唯一解』。
　　沒有唯一解則是指『解有無限多個』，或者是『一個解都
　　沒有』喔。」

由梨：「不不不。我們不是在講行列式和矩陣的話題嗎？為什
　　麼會突然出現聯立方程式呢？」

我：「咦？記得之前應該有解釋過才對啊……*。不過沒關係，
　　我們再詳細說明一次吧！」

## 5.9　聯立方程式

我：「譬如說，考慮以下這個聯立方程式⓪。」

---

聯立方程式 ⓪

$$\begin{cases} x + y = 5 \\ 2x + 4y = 16 \end{cases}$$

---

* 參考《數學女孩秘密筆記：公式・圖形篇》與《數學女孩：伽羅瓦理論》（世茂出版）。

由梨：「這馬上就能算出來啦！我看看。將上面的式子乘以四倍，再減去下面的式子，可以得到 $2x$ 就是 $20 - 16$，也就是 $4$，接著再除以 $2$，就可以得到 $x$ 是 $2$ 了。$2$ 加上 $y$ 等於 $5$，所以 $y$ 就是 $3$ 囉。答案就是 $x = 2$、$y = 3$！」

我：「由梨計算真快！」

由梨：「嘿嘿。」

我：「話說回來，這個聯立方程式⓪也可以用矩陣來表示，寫成『相乘、相乘、相加』的形式。將 $x$ 視為 $1x$、$y$ 視為 $1y$，我們可將係數改寫成矩陣 $\begin{pmatrix} 1 & 1 \\ 2 & 4 \end{pmatrix}$。」

---

**以矩陣表示聯立方程式⓪**

$$\begin{cases} x + y = 5 \\ 2x + 4y = 16 \end{cases}$$

$$\downarrow$$

$$\begin{cases} 1x + 1y = 5 \\ 2x + 4y = 16 \end{cases}$$

$$\downarrow$$

$$\begin{pmatrix} 1 & 1 \\ 2 & 4 \end{pmatrix}\begin{pmatrix} x \\ y \end{pmatrix} = \begin{pmatrix} 5 \\ 16 \end{pmatrix}$$

---

由梨：「哦──」

我：「接著我們要求出『由聯立方程式⓪改寫而成的矩陣』的
　　逆矩陣。」

由梨：「咦？逆矩陣？」

我：「是啊。$\begin{pmatrix} a & b \\ c & d \end{pmatrix}$ 的逆矩陣可以由下式計算而得，

$$\begin{pmatrix} a & b \\ c & d \end{pmatrix}^{-1} = \frac{1}{ad - bc}\begin{pmatrix} d & -b \\ -c & a \end{pmatrix}$$

故 $\begin{pmatrix} 1 & 1 \\ 2 & 4 \end{pmatrix}$ 的逆矩陣如下。

$$\begin{pmatrix} 1 & 1 \\ 2 & 4 \end{pmatrix}^{-1} = \frac{1}{1 \times 4 - 1 \times 2}\begin{pmatrix} 4 & -1 \\ -2 & 1 \end{pmatrix}$$
$$= \frac{1}{2}\begin{pmatrix} 4 & -1 \\ -2 & 1 \end{pmatrix}$$

由梨：「……」

我：「這是由聯立方程式⓪寫成的等式。

$$\begin{pmatrix} 1 & 1 \\ 2 & 4 \end{pmatrix}\begin{pmatrix} x \\ y \end{pmatrix} = \begin{pmatrix} 5 \\ 16 \end{pmatrix}$$

在等號兩邊的左方同乘 $\begin{pmatrix} 1 & 1 \\ 2 & 4 \end{pmatrix}^{-1}$，利用 $\begin{pmatrix} 1 & 1 \\ 2 & 4 \end{pmatrix}$ 和 $\begin{pmatrix} 1 & 1 \\ 2 & 4 \end{pmatrix}^{-1}$ 相乘
後會得到單位矩陣的性質，可以得到以下結果。」

$$\begin{pmatrix} 1 & 1 \\ 2 & 4 \end{pmatrix} \begin{pmatrix} x \\ y \end{pmatrix} = \begin{pmatrix} 5 \\ 16 \end{pmatrix}$$　聯立方程式①

$$\begin{pmatrix} 1 & 1 \\ 2 & 4 \end{pmatrix}^{-1} \begin{pmatrix} 1 & 1 \\ 2 & 4 \end{pmatrix} \begin{pmatrix} x \\ y \end{pmatrix} = \begin{pmatrix} 1 & 1 \\ 2 & 4 \end{pmatrix}^{-1} \begin{pmatrix} 5 \\ 16 \end{pmatrix}$$　在等號兩邊的左方分別乘上逆矩陣

$$\begin{pmatrix} 1 & 0 \\ 0 & 1 \end{pmatrix} \begin{pmatrix} x \\ y \end{pmatrix} = \begin{pmatrix} 1 & 1 \\ 2 & 4 \end{pmatrix}^{-1} \begin{pmatrix} 5 \\ 16 \end{pmatrix}$$　成為單位矩陣

$$\begin{pmatrix} x \\ y \end{pmatrix} = \begin{pmatrix} 1 & 1 \\ 2 & 4 \end{pmatrix}^{-1} \begin{pmatrix} 5 \\ 16 \end{pmatrix}$$　計算等號左邊

$$= \frac{1}{2} \begin{pmatrix} 4 & -1 \\ -2 & 1 \end{pmatrix} \begin{pmatrix} 5 \\ 16 \end{pmatrix}$$　計算逆矩陣

$$= \frac{1}{2} \begin{pmatrix} 4 \times 5 - 1 \times 16 \\ -2 \times 5 + 1 \times 16 \end{pmatrix}$$　計算乘積

$$= \frac{1}{2} \begin{pmatrix} 4 \\ 6 \end{pmatrix}$$

$$= \begin{pmatrix} 2 \\ 3 \end{pmatrix}$$

由梨：「……」

我：「妳看，解出來了吧？最後得到

$$\begin{pmatrix} x \\ y \end{pmatrix} = \begin{pmatrix} 2 \\ 3 \end{pmatrix}$$

　　和剛才解的聯立方程式 ① 得到的答案 $x= 2$ 且 $y= 3$ 相同。」

由梨：「哇——哥哥好厲害喔——」

我：「聽起來有點假喔。」

由梨：「比起算逆矩陣，用一般的方式解不是比較快嗎？」

我：「確實，如果是 2×2 矩陣，直接解會比較快。但如果是有很多未知數的矩陣，用逆矩陣來解會比較清楚不是嗎？而且，用矩陣解聯立方程式的樣子，和一般解方程式時的樣子有許多相似的地方，這不是很有趣嗎？」

$$
\begin{array}{ccc}
\text{「矩陣的世界」} & \longleftrightarrow & \text{「數的世界」} \\
A\vec{x} = \vec{u} & \longleftrightarrow & ax = u \\
A^{-1}A\vec{x} = A^{-1}\vec{u} & \longleftrightarrow & a^{-1}ax = a^{-1}u \\
I\vec{x} = A^{-1}\vec{u} & \longleftrightarrow & 1x = a^{-1}u \\
\vec{x} = A^{-1}\vec{u} & \longleftrightarrow & x = a^{-1}u
\end{array}
$$

由梨：「嗯嗯。」

我：「接著才要進入正題。由梨知道怎麼解這個聯立方程式嗎？」

---

聯立方程式①（無限多解的例子）

$$
\begin{cases}
x + 2y = 3 \\
2x + 4y = 6
\end{cases}
$$

---

由梨：「啊，這種題目我有看過。在第一條式子 $x + 2y = 3$ 的等號兩邊同乘以 $2$，會得到 $2x + 4y = 6$ 對吧。這樣兩條式子就變成同一條式子了。要是把兩者相減，會得到 $0 = 0$！」

我：「沒錯。這個聯立方程式①乍看之下有兩條式子，但實際

上只有一條而已。然後呢，若以矩陣來表示聯立方程式①，可以得到其行列式為 0。」

以矩陣表示聯立方程式①

$$\begin{pmatrix} 1 & 2 \\ 2 & 4 \end{pmatrix}\begin{pmatrix} x \\ y \end{pmatrix} = \begin{pmatrix} 3 \\ 6 \end{pmatrix}$$

由梨：「咦？行列式是 $ad - bc$，所以⋯⋯

$$\begin{vmatrix} 1 & 2 \\ 2 & 4 \end{vmatrix} = 1 \times 4 - 2 \times 2 = 0$$

⋯⋯真的耶。」

我：「滿足這條聯立方程式①的$(x, y)$並非不存在喔。只要滿足 $x + 2y = 3$ 就可以了。滿足這個條件的$(x, y)$有無限多個。舉例來說，$(x, y) = (3, 0)$符合、$(x, y) = (1, 1)$符合、$(x, y) = (-197, 100)$也符合喔。」

由梨：「最後那個是怎麼算出來的啊？」

我：「只要滿足 $x + 2y = 3$，也就是 $x = 3 - 2y$ 就行了，所以我們可以令 $t$ 為實數，且$(x, y) = (3 - 2t, t)$，然後找出符合這個條件的數對就行了。

$$\begin{pmatrix} x \\ y \end{pmatrix} = \begin{pmatrix} 3 - 2t \\ t \end{pmatrix}$$

以任何實數代入 $t$ 所得到的$(x, y)$，都會滿足聯立方程式①。

如果令 $t = 100$，就可以得到 $(x, y) = (-197, 100)$ 了。」

由梨：「原來如此——」

我：「①是有無限多解的聯立方程式，以矩陣來表示時，其行列式為 0。」

由梨：「行列式為 0……」

我：「聯立方程式①是無限多解的例子，下面這個聯立方程式②則是無解的例子。」

---

聯立方程式②（無解的例子）

$$\begin{cases} x + 2y = 3 \\ 2x + 4y = 8 \end{cases}$$

---

由梨：「這和剛才的式子很像……但不一樣。這個解不出來耶。因為把第一條式子的等號兩邊都乘上 2 之後，會得到 $2x + 4y = 6$。可是，第二條式子是 $2x + 4y = 8$。這兩條式子矛盾！」

我：「沒錯沒錯。能同時滿足這兩條式子的 $(x, y)$ 不可能存在。」

---

以矩陣表示聯立方程式②

$$\begin{pmatrix} 1 & 2 \\ 2 & 4 \end{pmatrix} \begin{pmatrix} x \\ y \end{pmatrix} = \begin{pmatrix} 3 \\ 8 \end{pmatrix}$$

---

由梨：「這個聯立方程式的行列式也是 0 耶……」

$$\begin{vmatrix} 1 & 2 \\ 2 & 4 \end{vmatrix} = 1 \times 4 - 2 \times 2 = 0$$

我：「是啊。將聯立方程式的係數排列成矩陣，計算其行列式是否為 0，就可以知道聯立方程式的解是否唯一囉！」

由梨：「行列式，是零！」

　　由梨像是發現了什麼一樣驚叫出聲。

我：「怎麼了嗎？」

由梨：「哥哥，零是什麼呢？」

我：「怎麼啦，為什麼突然這麼問？」

由梨：「像零一樣的矩陣，它的行列式也是零嗎？」

我：「咦？」

由梨：「零不是有三種嗎？」

我：「妳在說什麼？」

由梨：「所以說——就是零啊！」

我：「我說由梨啊。我們又沒有心電感應，有問題要說出來才行喔。」

由梨：「咦，哥哥不會心電感應嗎？」

我：「由梨會嗎！？」

由梨：「因為每次哥哥都會猜到由梨在想什麼嘛！有時候讓我
　　　覺得哥哥好像會用心電感應一樣。」

我：「要是真的有那種能力就不用那麼辛苦了。好啦好啦，由
　　梨快告訴我妳在想什麼吧？」

由梨：「就是啊……我們之前不是討論過
　　　$AB$ 等於零，
　　　但 $A$ 和 $B$ 都不是零
　　　的問題嗎？」

我：「啊，妳是說矩陣的零因子嗎？$A \neq O$ 且 $B \neq O$，但

$$AB = O$$

的矩陣 $A$ 和矩陣 $B$（參考 p.62）。」

由梨：「零因子！就是這個！」

我：「零因子怎麼了呢？」

---

## 5.10 行列式與零因子

由梨：「討論矩陣的時候會出現三種和零很像的矩陣不是嗎？
　　　就是零矩陣、零因子，還有行列式等於 0 的矩陣。」

我：「哦哦！」

由梨：「零矩陣的行列式等於 0 不是嗎？所以我想，該不會零
　　　因子的行列式也是 0 吧……之類的喵。」

我：「由梨！這是很有趣的問題喔！」

由梨：「可是啊，因為要做很多計算所以覺得很麻煩。」

我：「不麻煩喔。」

由梨：「矩陣的乘法中不是要讓一堆元素相乘嗎……」

我：「我想應該不需要真的計算元素間的相乘才對……嗯，真的不需要！

若　$A \neq O$ 且 $B \neq O$ 且 $AB = O$

則可得到

$$|A| = 0 \text{ 且 } |B| = 0$$

也就是說，零因子的行列式必定為 $0$！」

由梨：「為什麼呢？」

我：「假設 $|A| \neq 0$。如果 $A$ 的行列式不是 $0$，那麼 $A$ 的逆矩陣 $A^{-1}$ 必定存在。」

由梨：「是啊。」

我：「如果 $A^{-1}$ 存在，我們就能在 $AB = O$ 等號兩邊的左方同時乘上 $A^{-1}$。也就是……」

| | |
|---|---|
| $AB = O$ | 給定條件 |
| $A^{-1}AB = A^{-1}O$ | 等號兩邊的左方同時乘上 $A^{-1}$ |
| $IB = A^{-1}O$ | 因為 $A^{-1}A = I$ |
| $B = A^{-1}O$ | 因為 $IB = B$ |
| $B = O$ | 因為 $A^{-1}O = O$ |

由梨：「啊，原來如此！這樣 $B$ 就會等於 $O$ 了！」

我：「也就是說，如果 $|A| \neq 0$，就會得到 $B = O$ 的結果，但這樣就和一開始題目給的 $B \neq O$ 矛盾。所以 $|A| = 0$ 必定成立。同樣的，$|B| = 0$ 也必定成立。」

由梨：「原來如此！」

我：「因此，零因子的行列式也必定為 0。」

由梨：「哥哥，我知道了！當 $A$、$B$ 的行列式皆不為 0，就絕對不會得到 $AB = O$ 的結果！因為 $A$ 和 $B$ 都不是零矩陣，也都不是零因子。」

我：「妳說得沒錯。行列式不是 0 的兩個矩陣相乘時，絕對不會得到零矩陣。」

可以像數值一樣計算、可以用來表示變換、可以用來表示聯立方程式⋯⋯矩陣可以用來表示各式各樣的東西。

面積、逆矩陣的存在、與向量的關係、聯立方程式的解、零因子⋯⋯行列式告訴了我們許多東西。

矩陣的世界──還有很多東西等著我們去發掘！

「我聽著你的聲音，知道你就是你。」

## 第 5 章的問題

●問題 5-1（積的逆矩陣）
若兩個 $2 \times 2$ 矩陣 $A$、$B$ 的逆矩陣 $A^{-1}$、$B^{-1}$ 皆存在，試證明矩陣 $B^{-1}A^{-1}$ 為矩陣 $AB$ 的逆矩陣。

（解答在 p.284）

●問題 5-2（旋轉矩陣的逆矩陣）
旋轉矩陣 $R_\theta$ 定義如下，參數 $\theta$ 為角度。

$$R_\theta = \begin{pmatrix} \cos\theta & -\sin\theta \\ \sin\theta & \cos\theta \end{pmatrix}$$

試證明 $R_{-\theta}$ 為 $R_\theta$ 的逆矩陣。另外，試求行列式 $|R_\theta|$。

（解答在 p.285）

●問題 5-3（零矩陣）

設 $A$、$X$ 為 2×2 矩陣，且

$$AX = O$$

當 $|A| \neq 0$，試證明 $X=O$。

（解答在 p.286）

●問題 5-4（零因子的構成）

設 A、X 為 2×2 矩陣，其中

$$A \neq O \text{ 且 } X \neq O \text{ 且 } AX = O$$

設

$$A = \begin{pmatrix} a & b \\ c & d \end{pmatrix} \text{ 且 } |A| = 0$$

請舉出一個 $X$ 的例子。

（解答在 p.288）

●問題 5-5（凱萊—哈密頓定理）

設 $2 \times 2$ 矩陣 $A$ 為

$$A = \begin{pmatrix} a & b \\ c & d \end{pmatrix}$$

試證明以下等式成立。

$$A^2 - (a+d)A + (ad-bc)I = O$$

其中，$I = \begin{pmatrix} 1 & 0 \\ 0 & 1 \end{pmatrix}$、$O = \begin{pmatrix} 0 & 0 \\ 0 & 0 \end{pmatrix}$。

（解答在 p.290）

●問題 5-6（行列式與面積）

以下四點 $\begin{pmatrix} 0 \\ 0 \end{pmatrix}$、$\begin{pmatrix} 1 \\ 0 \end{pmatrix}$、$\begin{pmatrix} 1 \\ 1 \end{pmatrix}$、$\begin{pmatrix} 0 \\ 1 \end{pmatrix}$ 可圍成一正方形（面積為 1），經矩陣 $\begin{pmatrix} a & b \\ c & d \end{pmatrix}$ 變換後可得一平行四邊形。試確認這個平行四邊形的面積為 $\mid ad - bc \mid$（為簡化問題，解題時可將面積為 0 的情況也視為平行四邊形）。

（解答在 p.291）

# 尾聲

　　某天、某時。在數學資料室。

少女：「哇，有好多東西耶！」

老師：「是啊。」

少女：「老師，這是什麼呢？」

$$X^n = \begin{pmatrix} a & b \\ c & d \end{pmatrix}^n \quad ad - bc = 1, \quad n = 0, 1, 2, \ldots$$

老師：「妳覺得是什麼呢？」

少女：「是矩陣。有 $a$、$b$、$c$、$d$ 等元素，且行列式為 $1$ 的矩陣 $X$ 的 $n$ 次方。」

老師：「如果用 $a$、$b$、$c$、$d$ 來表示 $X^2$，會是什麼樣子呢？」

少女：「開始計算練習！」

$$X^2 = \begin{pmatrix} a & b \\ c & d \end{pmatrix} \begin{pmatrix} a & b \\ c & d \end{pmatrix}$$

$$= \begin{pmatrix} aa+bc & ab+bd \\ ca+dc & cb+dd \end{pmatrix}$$

$$= \begin{pmatrix} a^2+bc & ab+bd \\ ac+cd & bc+d^2 \end{pmatrix}$$

老師：「妳覺得這又是什麼呢？」

$$x_{n+1} = \frac{ax_n + b}{cx_n + d} \qquad ad - bc = 1, \quad n = 0, 1, 2, \ldots$$

少女：「是數列，是寫成遞迴式的數列 $x_0, x_1, x_2, \cdots$」

老師：「如果用 $x_2$ 來表示 $x_0$ 呢？」

少女：「又開始計算練習了……

$$x_2 = \frac{ax_1 + b}{cx_1 + d}$$

$$= \frac{a\frac{ax_0+b}{cx_0+d} + b}{c\frac{ax_0+b}{cx_0+d} + d}$$

$$= \frac{a(ax_0 + b) + b(cx_0 + d)}{c(ax_0 + b) + d(cx_0 + d)}$$

$$= \frac{a^2x_0 + ab + bcx_0 + bd}{acx_0 + bc + cdx_0 + d^2}$$

$$= \frac{(a^2 + bc)x_0 + (ab + bd)}{(ac + cd)x_0 + (bc + d^2)}$$

……兩個一樣耶，老師！」

老師：「試著用數學語言來表達這裡的一樣。」

少女：「兩者互相對應。當 $n = 1$，$X^n$ 與 $x_n$ 的 $a$、$b$、$c$、$d$ 互相對應。

$$X^1 = \begin{pmatrix} a & b \\ c & d \end{pmatrix} \quad \longleftarrow\!\text{-}\!\text{-}\!\text{-}\!\text{-}\!\longrightarrow \quad x_1 = \frac{ax_0 + b}{cx_0 + d}$$

不過不是只有在 $n = 1$ 時才會對應。$n = 2$ 時，$X^n$ 和 $x_n$ 的 $a^2 + bc$、$ab + bd$、$ac + cd$、$bc + d^2$ 也互相對應。

$$X^2 = \begin{pmatrix} a^2 + bc & ab + bd \\ ac + cd & bc + d^2 \end{pmatrix} \quad \longleftarrow\!\text{-}\!\text{-}\!\text{-}\!\text{-}\!\longrightarrow \quad x_2 = \frac{(a^2 + bc)x_0 + (ab + bd)}{(ac + cd)x_0 + (bc + d^2)}$$

就好像互相呼應著一樣呢！」

老師：「兩者可以產生出這樣的對應。」

$$X^n = \begin{pmatrix} a_n & b_n \\ c_n & d_n \end{pmatrix} \quad \longleftarrow - - - \rightarrow \quad x_n = \frac{a_n x_0 + b_n}{c_n x_0 + d_n}$$

少女：「原來矩陣和數列可以產生這樣的對應啊……」

老師：「那麼，妳覺得這又是什麼呢？」

$$f(x) = \frac{ax + b}{cx + d} \qquad ad - bc = 1$$

少女：「是函數。由 $a$、$b$、$c$、$d$ 所組成的分數函數……該不會？」

老師：「或許喔。」

少女：「把函數 $f(x)$ 平方……不、不對，不是把函數相乘，而是要合成！」

老師：「還好有注意到呢。」

少女：「又開始計算練習了……

$$f(f(x)) = \frac{af(x) + b}{cf(x) + d}$$

$$= \frac{a\frac{ax+b}{cx+d} + b}{c\frac{ax+b}{cx+d} + d}$$

$$= \frac{a(ax + b) + b(cx + d)}{c(ax + b) + d(cx + d)}$$

$$= \frac{a^2x + ab + bcx + bd}{acx + bc + cdx + d^2}$$

$$= \frac{(a^2 + bc)x + (ab + bd)}{(ac + cd)x + (bc + d^2)}$$

……兩個一樣耶，老師！」

**老師：**「將 $n$ 個函數 $f(x)$ 合成為函數 $f^n(x)$，這個 $f^n(x)$ 能不能像下面這個式子一樣

$$f^n(x) = \underbrace{f(f(f(\cdots f(x) \cdots )))}_{n \text{ 個}} = \frac{a_n x + b_n}{c_n x + d_n}$$

用 $a_n$、$b_n$、$c_n$、$d_n$ 來表示呢？」

**少女：**「$a_n$、$b_n$、$c_n$、$d_n$ 是什麼呢？」

**老師：**「就是『某個東西』的第 $n$ 項資訊。如果我們可以用矩陣來表示『某個東西』，矩陣的 $n$ 次方就可以用來表示『某個東西』的第 $n$ 項。

$$\begin{pmatrix} a_n & b_n \\ c_n & d_n \end{pmatrix} = \begin{pmatrix} a & b \\ c & d \end{pmatrix}^n$$

不管想求的是數列的第 $n$ 項，還是合成函數 $f^n(x)$，只要是『某個東西』的第 $n$ 項，我們就會思考是否可用矩陣來表示。」

**少女**：「可是老師，矩陣的 $n$ 次方計算很複雜耶。」

**老師**：「所以，找出計算 $n$ 次方時很容易的矩陣，就有它的價值。代表性的矩陣像是這個

$$\begin{pmatrix} \alpha & 0 \\ 0 & \beta \end{pmatrix}^n = \begin{pmatrix} \alpha^n & 0 \\ 0 & \beta^n \end{pmatrix}$$

或者是這個

$$\begin{pmatrix} 1 & \gamma \\ 0 & 1 \end{pmatrix}^n = \begin{pmatrix} 1 & n\gamma \\ 0 & 1 \end{pmatrix}$$

另外，將 $n$ 次方變換成 $n-1$ 次方的規則也很好用。妳知道是什麼規則嗎？」

**少女**：「凱萊—哈密頓定理！」

$$\begin{pmatrix} a & b \\ c & d \end{pmatrix}^2 = (a+d)\begin{pmatrix} a & b \\ c & d \end{pmatrix} - (ad-bc)\begin{pmatrix} 1 & 0 \\ 0 & 1 \end{pmatrix}$$

**老師**：「沒錯。$X^0$ 是單位矩陣，

$$X^0 = \begin{pmatrix} a & b \\ c & d \end{pmatrix}^0 = \begin{pmatrix} 1 & 0 \\ 0 & 1 \end{pmatrix}$$

所以可以寫成這樣。

$$\begin{pmatrix} a & b \\ c & d \end{pmatrix}^2 = (a+d)\begin{pmatrix} a & b \\ c & d \end{pmatrix}^1 - (ad-bc)\begin{pmatrix} a & b \\ c & d \end{pmatrix}^0$$

這麼一來，我們也能看出 $n+2, n+1, n$ 之間的關係……對吧？」

$$\begin{pmatrix} a & b \\ c & d \end{pmatrix}^{n+2} = (a+d)\begin{pmatrix} a & b \\ c & d \end{pmatrix}^{n+1} - (ad-bc)\begin{pmatrix} a & b \\ c & d \end{pmatrix}^n$$

少女：「老師，如果 $X^0$ 是單位矩陣，就會是這樣

$$\begin{pmatrix} a_0 & b_0 \\ c_0 & d_0 \end{pmatrix} = \begin{pmatrix} 1 & 0 \\ 0 & 1 \end{pmatrix}$$

0 個分數函數 $f(x)$ 合成後得到的 $f^0(x)$ 就是 $x$ 對吧！」

$$f^0(x) = \frac{a_0 x + b_0}{c_0 x + d_0}$$
$$= \frac{1x + 0}{0x + 1}$$
$$= x$$

老師：「是啊。」

少女：「然後，計算分數函數 $f(x)$ 的逆函數 $f^{-1}(x)$ 時，可以由 $ad - bc = 1$ 得到

$$\begin{pmatrix} a & b \\ c & d \end{pmatrix}^{-1} = \frac{1}{ad - bc}\begin{pmatrix} d & -b \\ -c & a \end{pmatrix} = \begin{pmatrix} d & -b \\ -c & a \end{pmatrix}$$

所以 $f^{-1}(x)$ 就是這樣！

$$f^{-1}(x) = \frac{dx - b}{-cx + a}$$

也可以進一步驗算喔……

$$f^{-1}(f(x)) = \frac{df(x) - b}{-cf(x) + a}$$

$$= \frac{d\frac{ax+b}{cx+d} - b}{-c\frac{ax+b}{cx+d} + a}$$

$$= \frac{d(ax + b) - b(cx + d)}{-c(ax + b) + a(cx + d)}$$

$$= \frac{adx + bd - bcx - bd}{-acx - bc + acx + ad}$$

$$= \frac{(ad - bc)x + (bd - bd)}{(ac - ac)x + (ad - bc)}$$

$$= \frac{1x + 0}{0x + 1}$$

$$= x$$

$$= f^0(x)$$

對吧？」

少女「呵呵呵」地笑著。

# 【解答】

ANSWERS

## 第 1 章的解答

●問題 1-1（表與矩陣）

學生 1 和學生 2 於考試 $A$ 中的科目 1 和科目 2，分別獲得
如下的分數。

| A | 科目 1 | 科目 2 |
|---|---|---|
| 學生 1 | 62 | 85 |
| 學生 2 | 95 | 60 |

我們可以將這個表改寫成 2×2 矩陣如下。

$$\begin{pmatrix} a_{11} & a_{12} \\ a_{21} & a_{22} \end{pmatrix} = \begin{pmatrix} 62 & 85 \\ 95 & 60 \end{pmatrix}$$

① 這個矩陣的元素 $a_{jk}$ 表示什麼呢？

② 將學生 1 和學生 2 於考試 $B$ 的科目 1 和科目 2 獲得分
　數以矩陣 $\begin{pmatrix} b_{11} & b_{12} \\ b_{21} & b_{22} \end{pmatrix}$ 表示。兩個矩陣的和又表示了什麼
　呢？

$$\begin{pmatrix} a_{11} & a_{12} \\ a_{21} & a_{22} \end{pmatrix} + \begin{pmatrix} b_{11} & b_{12} \\ b_{21} & b_{22} \end{pmatrix}$$

③ 若有三名學生參與有五個科目的考試 $C$，並用同樣的
　方式製作出分數表。這個分數表可以寫成什麼樣的矩
　陣呢？

■解答 1-1

①矩陣的元素 $a_{ji}$ 表示「考試 $A$ 中，學生 $j$ 在科目 $k$ 所獲得的分數」。

②矩陣和為

$$\begin{pmatrix} a_{11} & a_{12} \\ a_{21} & a_{22} \end{pmatrix} + \begin{pmatrix} b_{11} & b_{12} \\ b_{21} & b_{22} \end{pmatrix} = \begin{pmatrix} a_{11} + b_{11} & a_{12} + b_{12} \\ a_{21} + b_{21} & a_{22} + b_{22} \end{pmatrix}$$

這個矩陣表示兩次考試的分數總和，其元素 $a_{jk} + b_{jk}$ 表示「考試 $A$ 和考試 $B$ 中，學生 $j$ 在科目 $k$ 所獲得的分數總和」。

③若有三名學生參與有五個科目的考試 $C$，並用同樣的方式製作出分數表，則可寫成 $3 \times 5$ 矩陣。

| C | 科目 1 | 科目 2 | 科目 3 | 科目 4 | 科目 5 |
|------|------|------|------|------|------|
| 學生 1 | $c_{11}$ | $c_{12}$ | $c_{13}$ | $c_{14}$ | $c_{15}$ |
| 學生 2 | $c_{21}$ | $c_{22}$ | $c_{23}$ | $c_{24}$ | $c_{25}$ |
| 學生 3 | $c_{31}$ | $c_{32}$ | $c_{33}$ | $c_{34}$ | $c_{35}$ |

$$\begin{pmatrix} c_{11} & c_{12} & c_{13} & c_{14} & c_{15} \\ c_{21} & c_{22} & c_{23} & c_{24} & c_{25} \\ c_{31} & c_{32} & c_{33} & c_{34} & c_{35} \end{pmatrix}$$

●問題 1-2（矩陣的相等）

①〜④中，哪些矩陣與 $\begin{pmatrix} 1 & 2 \\ 3 & 4 \end{pmatrix}$ 相同呢？

① $\begin{pmatrix} 1 & 2 \\ 3 & 4 \end{pmatrix}$

② $\begin{pmatrix} 1 & 1+1 \\ 2+1 & 3+1 \end{pmatrix}$

③ $\begin{pmatrix} 1 & 3 \\ 2 & 4 \end{pmatrix} - \begin{pmatrix} 0 & 1 \\ -1 & 0 \end{pmatrix}$

④ $\begin{pmatrix} 1 & 2 \\ 0 & 4 \end{pmatrix}$

■解答 1-2

設矩陣 $\begin{pmatrix} 1 & 2 \\ 3 & 4 \end{pmatrix}$ 為 $A$。以下一一確認①〜④的元素是否和矩陣 $A$ 的對應元素相等。

①確認①和矩陣 $A$ 的對應元素是否相等。

$$\overset{\text{①}}{\begin{pmatrix} 1 & 2 \\ 3 & 4 \end{pmatrix}} \qquad \overset{A}{\begin{pmatrix} 1 & 2 \\ 3 & 4 \end{pmatrix}}$$

所有元素皆與矩陣 $A$ 的對應元素相等，故①等於矩陣 $A$。

②計算元素。

$$\begin{pmatrix} 1 & 1+1 \\ 2+1 & 3+1 \end{pmatrix} = \begin{pmatrix} 1 & 2 \\ 3 & 4 \end{pmatrix}$$

確認②和矩陣 $A$ 的對應元素是否相等。

$$②\qquad\qquad A$$

$$\begin{pmatrix} 1 & 2 \\ 3 & 4 \end{pmatrix} \qquad \begin{pmatrix} 1 & 2 \\ 3 & 4 \end{pmatrix}$$

所有元素皆與矩陣 $A$ 的對應元素相等，故②等於矩陣 $A$。

③計算矩陣的差。

$$\begin{pmatrix} 1 & 3 \\ 2 & 4 \end{pmatrix} - \begin{pmatrix} 0 & 1 \\ -1 & 0 \end{pmatrix} = \begin{pmatrix} 1-0 & 3-1 \\ 2-(-1) & 4-0 \end{pmatrix} \qquad 矩陣的差$$

$$= \begin{pmatrix} 1 & 2 \\ 3 & 4 \end{pmatrix} \qquad 計算元素$$

確認③和矩陣 $A$ 的對應元素是否相等。

$$③\qquad\qquad A$$

$$\begin{pmatrix} 1 & 2 \\ 3 & 4 \end{pmatrix} \qquad \begin{pmatrix} 1 & 2 \\ 3 & 4 \end{pmatrix}$$

所有元素皆與矩陣 $A$ 的對應元素相等，故③等於矩陣 $A$。

④確認④和矩陣 $A$ 的對應元素是否相等。

$$④\qquad\qquad A$$

$$\begin{pmatrix} 1 & 2 \\ 0 & 4 \end{pmatrix} \qquad \begin{pmatrix} 1 & 2 \\ 3 & 4 \end{pmatrix}$$

第 2 列第 1 行的元素與矩陣 $A$ 的對應元素不相等。因存在與對應元素不相等的元素，故④不等於矩陣 $A$。

答：①、②、③與矩陣 $\begin{pmatrix} 1 & 2 \\ 3 & 4 \end{pmatrix}$ 相等。

●問題 1-3（矩陣的和）

請計算①～⑤。

① $\begin{pmatrix} 1 & 2 \\ 3 & 4 \end{pmatrix} + \begin{pmatrix} 0 & 0 \\ 0 & 0 \end{pmatrix}$

② $\begin{pmatrix} 0 & 0 \\ 0 & 0 \end{pmatrix} + \begin{pmatrix} 1 & 2 \\ 3 & 4 \end{pmatrix}$

③ $\begin{pmatrix} 1 & 2 \\ 3 & 4 \end{pmatrix} + \begin{pmatrix} 1 & 2 \\ 3 & 4 \end{pmatrix}$

④ $\begin{pmatrix} 2 & -7 \\ 1 & -8 \end{pmatrix} + \begin{pmatrix} -2 & 7 \\ -1 & 8 \end{pmatrix}$

⑤ $\begin{pmatrix} 1 & 0 \\ 0 & 1 \end{pmatrix} + \begin{pmatrix} 1 & 0 \\ 0 & 1 \end{pmatrix} + \begin{pmatrix} 1 & 0 \\ 0 & 1 \end{pmatrix} + \begin{pmatrix} 1 & 0 \\ 0 & 1 \end{pmatrix} + \begin{pmatrix} 1 & 0 \\ 0 & 1 \end{pmatrix}$

■解答 1-3

計算對應元素的和。

①

$$\begin{pmatrix} 1 & 2 \\ 3 & 4 \end{pmatrix} + \begin{pmatrix} 0 & 0 \\ 0 & 0 \end{pmatrix} = \begin{pmatrix} 1+0 & 2+0 \\ 3+0 & 4+0 \end{pmatrix}$$

$$= \begin{pmatrix} 1 & 2 \\ 3 & 4 \end{pmatrix}$$

②

$$\begin{pmatrix} 0 & 0 \\ 0 & 0 \end{pmatrix} + \begin{pmatrix} 1 & 2 \\ 3 & 4 \end{pmatrix} = \begin{pmatrix} 0+1 & 0+2 \\ 0+3 & 0+4 \end{pmatrix}$$

$$= \begin{pmatrix} 1 & 2 \\ 3 & 4 \end{pmatrix}$$

③

$$\begin{pmatrix} 1 & 2 \\ 3 & 4 \end{pmatrix} + \begin{pmatrix} 1 & 2 \\ 3 & 4 \end{pmatrix} = \begin{pmatrix} 1+1 & 2+2 \\ 3+3 & 4+4 \end{pmatrix}$$

$$= \begin{pmatrix} 2 & 4 \\ 6 & 8 \end{pmatrix}$$

④

$$\begin{pmatrix} 2 & -7 \\ 1 & -8 \end{pmatrix} + \begin{pmatrix} -2 & 7 \\ -1 & 8 \end{pmatrix} = \begin{pmatrix} 2+(-2) & -7+7 \\ 1+(-1) & -8+8 \end{pmatrix}$$

$$= \begin{pmatrix} 2-2 & -7+7 \\ 1-1 & -8+8 \end{pmatrix}$$

$$= \begin{pmatrix} 0 & 0 \\ 0 & 0 \end{pmatrix}$$

⑤依照順序將對應的元素加總。

$$\begin{pmatrix} 1 & 0 \\ 0 & 1 \end{pmatrix} + \begin{pmatrix} 1 & 0 \\ 0 & 1 \end{pmatrix} + \begin{pmatrix} 1 & 0 \\ 0 & 1 \end{pmatrix} + \begin{pmatrix} 1 & 0 \\ 0 & 1 \end{pmatrix} + \begin{pmatrix} 1 & 0 \\ 0 & 1 \end{pmatrix}$$

$$= \begin{pmatrix} 1+1 & 0+0 \\ 0+0 & 1+1 \end{pmatrix} + \begin{pmatrix} 1 & 0 \\ 0 & 1 \end{pmatrix} + \begin{pmatrix} 1 & 0 \\ 0 & 1 \end{pmatrix} + \begin{pmatrix} 1 & 0 \\ 0 & 1 \end{pmatrix}$$

$$= \begin{pmatrix} 1+1+1 & 0+0+0 \\ 0+0+0 & 1+1+1 \end{pmatrix} + \begin{pmatrix} 1 & 0 \\ 0 & 1 \end{pmatrix} + \begin{pmatrix} 1 & 0 \\ 0 & 1 \end{pmatrix}$$

$$= \begin{pmatrix} 1+1+1+1 & 0+0+0+0 \\ 0+0+0+0 & 1+1+1+1 \end{pmatrix} + \begin{pmatrix} 1 & 0 \\ 0 & 1 \end{pmatrix}$$

$$= \begin{pmatrix} 1+1+1+1+1 & 0+0+0+0+0 \\ 0+0+0+0+0 & 1+1+1+1+1 \end{pmatrix}$$

$$= \begin{pmatrix} 5 & 0 \\ 0 & 5 \end{pmatrix}$$

補充

① $\begin{pmatrix} 1 & 2 \\ 3 & 4 \end{pmatrix}$ 加上零矩陣 $\begin{pmatrix} 0 & 0 \\ 0 & 0 \end{pmatrix}$ 後，仍是 $\begin{pmatrix} 1 & 2 \\ 3 & 4 \end{pmatrix}$。

$$\begin{pmatrix} 1 & 2 \\ 3 & 4 \end{pmatrix} + \begin{pmatrix} 0 & 0 \\ 0 & 0 \end{pmatrix} = \begin{pmatrix} 1 & 2 \\ 3 & 4 \end{pmatrix}$$

②零矩陣 $\begin{pmatrix} 0 & 0 \\ 0 & 0 \end{pmatrix}$ 加上 $\begin{pmatrix} 1 & 2 \\ 3 & 4 \end{pmatrix}$ 後，仍是 $\begin{pmatrix} 1 & 2 \\ 3 & 4 \end{pmatrix}$。

$$\begin{pmatrix} 0 & 0 \\ 0 & 0 \end{pmatrix} + \begin{pmatrix} 1 & 2 \\ 3 & 4 \end{pmatrix} = \begin{pmatrix} 1 & 2 \\ 3 & 4 \end{pmatrix}$$

③兩個相等的矩陣相加後，會得到每個元素皆變為兩倍的矩陣。

$$\begin{pmatrix} 1 & 2 \\ 3 & 4 \end{pmatrix} + \begin{pmatrix} 1 & 2 \\ 3 & 4 \end{pmatrix} = \begin{pmatrix} 2 & 4 \\ 6 & 8 \end{pmatrix}$$

④對應元素互為相反數的矩陣相加後，會得到零矩陣。

$$\begin{pmatrix} 2 & -7 \\ 1 & -8 \end{pmatrix} + \begin{pmatrix} -2 & 7 \\ -1 & 8 \end{pmatrix} = \begin{pmatrix} 0 & 0 \\ 0 & 0 \end{pmatrix}$$

⑤五個相等的矩陣相加後，會得到每個元素皆變為五倍的矩陣。

$$\begin{pmatrix} 1 & 0 \\ 0 & 1 \end{pmatrix} + \begin{pmatrix} 1 & 0 \\ 0 & 1 \end{pmatrix} + \begin{pmatrix} 1 & 0 \\ 0 & 1 \end{pmatrix} + \begin{pmatrix} 1 & 0 \\ 0 & 1 \end{pmatrix} + \begin{pmatrix} 1 & 0 \\ 0 & 1 \end{pmatrix} = \begin{pmatrix} 5 & 0 \\ 0 & 5 \end{pmatrix}$$

●問題 1-4（試求矩陣）

請計算出滿足以下等式的四個數 $a$、$b$、$c$、$d$。

$$\begin{pmatrix} a & b \\ c & d \end{pmatrix} + \begin{pmatrix} 1 & 2 \\ 3 & 4 \end{pmatrix} = \begin{pmatrix} 0 & 0 \\ 0 & 0 \end{pmatrix}$$

■解答 1-4

計算題目等式左邊的矩陣和如下。

$$\begin{pmatrix} a+1 & b+2 \\ c+3 & d+4 \end{pmatrix} = \begin{pmatrix} 0 & 0 \\ 0 & 0 \end{pmatrix}$$

對應元素應相等，故

$a+1 = 0$ 且 $b+2 = 0$ 且 $c+3 = 0$ 且 $d+4 = 0$

可得

$a = -1$ 且 $b = -2$ 且 $c = -3$ 且 $d = -4$

答：$a = -1, b = -2, c = -3, d = -4$

另解

將原式等號兩邊各減去矩陣 $\begin{pmatrix} 1 & 2 \\ 3 & 4 \end{pmatrix}$，可得以下等式。

$$\begin{pmatrix} a & b \\ c & d \end{pmatrix} + \begin{pmatrix} 1 & 2 \\ 3 & 4 \end{pmatrix} - \begin{pmatrix} 1 & 2 \\ 3 & 4 \end{pmatrix} = \begin{pmatrix} 0 & 0 \\ 0 & 0 \end{pmatrix} - \begin{pmatrix} 1 & 2 \\ 3 & 4 \end{pmatrix}$$

合併後可得

$$\begin{pmatrix} a+1-1 & b+2-2 \\ c+3-3 & d+4-4 \end{pmatrix} = \begin{pmatrix} 0-1 & 0-2 \\ 0-3 & 0-4 \end{pmatrix}$$

計算各元素可得

$$\begin{pmatrix} a & b \\ c & d \end{pmatrix} = \begin{pmatrix} -1 & -2 \\ -3 & -4 \end{pmatrix}$$

因為對應元素相等，故可得

$$a = -1 \text{ 且 } b = -2 \text{ 且 } c = -3 \text{ 且 } d = -4$$

答：$a = -1, b = -2, c = -3, d = -4$

補充

逗號（,）用在不同地方時有不同的意思，請務必注意。解答 1-4 的逗號是「且」的意思。另一方面，二次方程式的解為 $x = 2$ 或 $x = 3$ 時，可以寫成 $x = 2, x = 3$，這裡的逗號則是「或」的意思。要是怕閱讀的人誤會，建議寫「且」和「或」會比較好。

---

●問題 1-5（表示矩陣和的加號）

下式中，哪些加號（＋）表示矩陣和呢？請找出每一個表示矩陣和的加號。

$$\begin{pmatrix} 1 & 2 \\ 3 & 4 \end{pmatrix} + \begin{pmatrix} +1 & 1+1 \\ 2+1 & 3+1 \end{pmatrix} = \begin{pmatrix} 0+1 & 1+2 \\ 2+3 & 3+4 \end{pmatrix} + \begin{pmatrix} 1 & 1 \\ 1 & 1 \end{pmatrix}$$

■解答 1-5

下面以黑色背景表示的加號，就是表示矩陣和的加號，共有兩個。

$$\begin{pmatrix} 1 & 2 \\ 3 & 4 \end{pmatrix} \boxplus \begin{pmatrix} +1 & 1+1 \\ 2+1 & 3+1 \end{pmatrix} = \begin{pmatrix} 0+1 & 1+2 \\ 2+3 & 3+4 \end{pmatrix} \boxplus \begin{pmatrix} 1 & 1 \\ 1 & 1 \end{pmatrix}$$

●問題 1-6（不相等的矩陣）

當矩陣 $\begin{pmatrix} a & b \\ c & d \end{pmatrix}$ 與矩陣 $\begin{pmatrix} 1 & 2 \\ 3 & 4 \end{pmatrix}$ 相等，

$$a = 1 \text{ 且 } b = 2 \text{ 且 } c = 3 \text{ 且 } d = 4$$

必定成立。

那麼當矩陣 $\begin{pmatrix} a & b \\ c & d \end{pmatrix}$ 與矩陣 $\begin{pmatrix} 1 & 2 \\ 3 & 4 \end{pmatrix}$ 不相等，

$$a \neq 1 \text{ 且 } b \neq 2 \text{ 且 } c \neq 3 \text{ 且 } d \neq 4$$

必定成立嗎？

■解答 1-6

不一定成立。

只要對應的元素中至少有一組不相等，矩陣 $\begin{pmatrix} a & b \\ c & d \end{pmatrix}$ 與矩陣 $\begin{pmatrix} 1 & 2 \\ 3 & 4 \end{pmatrix}$ 便不相等。

換言之，矩陣 $\begin{pmatrix} a & b \\ c & d \end{pmatrix}$ 與矩陣 $\begin{pmatrix} 1 & 2 \\ 3 & 4 \end{pmatrix}$ 不相等時，以下條件成立。

$$a \neq 1 \text{ 或 } b \neq 2 \text{ 或 } c \neq 3 \text{ 或 } d \neq 4$$

補充

兩個矩陣的相等定義如下。

$$\begin{pmatrix} a_{11} & a_{12} \\ a_{21} & a_{22} \end{pmatrix} = \begin{pmatrix} b_{11} & b_{12} \\ b_{21} & b_{22} \end{pmatrix}$$

$\Leftrightarrow a_{11} = b_{11}$ 且 $a_{12} = b_{12}$ 且 $a_{21} = b_{21}$ 且 $a_{22} = b_{22}$

當我們想說明兩個矩陣不相等時，可以用「或」來表示，如下。

$$\begin{pmatrix} a_{11} & a_{12} \\ a_{21} & a_{22} \end{pmatrix} \neq \begin{pmatrix} b_{11} & b_{12} \\ b_{21} & b_{22} \end{pmatrix}$$

$\Leftrightarrow a_{11} \neq b_{11}$ 或 $a_{12} \neq b_{12}$ 或 $a_{21} \neq b_{21}$ 或 $a_{22} \neq b_{22}$

●問題 1-7（交換律）
不管 $a$ 和 $b$ 是什麼數，

$$a + b = b + a$$

必定成立。這是數的加法**交換律**。試證明兩個 $2 \times 2$ 矩陣 $\begin{pmatrix} a_{11} & a_{12} \\ a_{21} & a_{22} \end{pmatrix}$、$\begin{pmatrix} b_{11} & b_{12} \\ b_{21} & b_{22} \end{pmatrix}$ 的交換律也會成立。也就是證明以下等式必定成立。

$$\begin{pmatrix} a_{11} & a_{12} \\ a_{21} & a_{22} \end{pmatrix} + \begin{pmatrix} b_{11} & b_{12} \\ b_{21} & b_{22} \end{pmatrix} = \begin{pmatrix} b_{11} & b_{12} \\ b_{21} & b_{22} \end{pmatrix} + \begin{pmatrix} a_{11} & a_{12} \\ a_{21} & a_{22} \end{pmatrix}$$

## ■解答 1-7

定義過矩陣的和之後，我們可以用數值計算中的加法交換律，將 $\begin{pmatrix} a_{11} & a_{12} \\ a_{21} & a_{22} \end{pmatrix}$ 與 $\begin{pmatrix} b_{11} & b_{12} \\ b_{21} & b_{22} \end{pmatrix}$ 相加的式子逐步變形，便可證明矩陣的加法交換律。

$$\begin{pmatrix} a_{11} & a_{12} \\ a_{21} & a_{22} \end{pmatrix} + \begin{pmatrix} b_{11} & b_{12} \\ b_{21} & b_{22} \end{pmatrix} \qquad \text{兩個矩陣的和}$$

$$= \begin{pmatrix} a_{11}+b_{11} & a_{12}+b_{12} \\ a_{21}+b_{21} & a_{22}+b_{22} \end{pmatrix} \qquad \text{由矩陣和的定義}$$

$$= \begin{pmatrix} b_{11}+a_{11} & b_{12}+a_{12} \\ b_{21}+a_{21} & b_{22}+a_{22} \end{pmatrix} \qquad \text{由數值的加法交換律}$$

$$= \begin{pmatrix} b_{11} & b_{12} \\ b_{21} & b_{22} \end{pmatrix} + \begin{pmatrix} a_{11} & a_{12} \\ a_{21} & a_{22} \end{pmatrix} \qquad \text{由矩陣和的定義}$$

因此，對於任何 $2 \times 2$ 矩陣來說，以下等式皆成立。

$$\begin{pmatrix} a_{11} & a_{12} \\ a_{21} & a_{22} \end{pmatrix} + \begin{pmatrix} b_{11} & b_{12} \\ b_{21} & b_{22} \end{pmatrix} = \begin{pmatrix} b_{11} & b_{12} \\ b_{21} & b_{22} \end{pmatrix} + \begin{pmatrix} a_{11} & a_{12} \\ a_{21} & a_{22} \end{pmatrix}$$

故 $2 \times 2$ 矩陣的加法交換律得證。（證明結束）

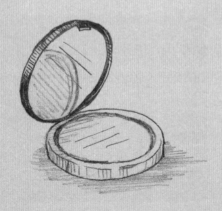

# 第 2 章的解答

●問題 2-1（矩陣的積）

請計算①～⑨。

① $\begin{pmatrix} a & b \\ c & d \end{pmatrix}\begin{pmatrix} 1 & 0 \\ 0 & 1 \end{pmatrix}$

② $\begin{pmatrix} 1 & 0 \\ 0 & 1 \end{pmatrix}\begin{pmatrix} a & b \\ c & d \end{pmatrix}$

③ $\begin{pmatrix} a & b \\ c & d \end{pmatrix}\begin{pmatrix} 1 & 1 \\ 1 & 1 \end{pmatrix}$

④ $\begin{pmatrix} a & b \\ c & d \end{pmatrix}\begin{pmatrix} 1 & 2 \\ 1 & 2 \end{pmatrix}$

⑤ $\begin{pmatrix} a & b \\ c & d \end{pmatrix}\begin{pmatrix} 1 & 1 \\ 2 & 2 \end{pmatrix}$

⑥ $\begin{pmatrix} 1 & 1 \\ 1 & 1 \end{pmatrix}\begin{pmatrix} a & b \\ c & d \end{pmatrix}$

⑦ $\begin{pmatrix} 1 & 2 \\ 1 & 2 \end{pmatrix}\begin{pmatrix} a & b \\ c & d \end{pmatrix}$

⑧ $\begin{pmatrix} 1 & 1 \\ 2 & 2 \end{pmatrix}\begin{pmatrix} a & b \\ c & d \end{pmatrix}$

⑨ $\begin{pmatrix} a & b \\ c & d \end{pmatrix}\begin{pmatrix} a & b \\ c & d \end{pmatrix}$

# ■解答 2-1

① 

$$\begin{pmatrix} a & b \\ c & d \end{pmatrix}\begin{pmatrix} 1 & 0 \\ 0 & 1 \end{pmatrix}$$

$$= \begin{pmatrix} a \times 1 + b \times 0 & a \times 0 + b \times 1 \\ c \times 1 + d \times 0 & c \times 0 + d \times 1 \end{pmatrix}$$

$$= \begin{pmatrix} a & b \\ c & d \end{pmatrix}$$

② 

$$\begin{pmatrix} 1 & 0 \\ 0 & 1 \end{pmatrix}\begin{pmatrix} a & b \\ c & d \end{pmatrix}$$

$$= \begin{pmatrix} 1 \times a + 0 \times c & 1 \times b + 0 \times d \\ 0 \times a + 1 \times c & 0 \times b + 1 \times d \end{pmatrix}$$

$$= \begin{pmatrix} a & b \\ c & d \end{pmatrix}$$

③ 

$$\begin{pmatrix} a & b \\ c & d \end{pmatrix}\begin{pmatrix} 1 & 1 \\ 1 & 1 \end{pmatrix}$$

$$= \begin{pmatrix} a \times 1 + b \times 1 & a \times 1 + b \times 1 \\ c \times 1 + d \times 1 & c \times 1 + d \times 1 \end{pmatrix}$$

$$= \begin{pmatrix} a + b & a + b \\ c + d & c + d \end{pmatrix}$$

④

$$\begin{pmatrix} a & b \\ c & d \end{pmatrix} \begin{pmatrix} 1 & 2 \\ 1 & 2 \end{pmatrix}$$

$$= \begin{pmatrix} a \times 1 + b \times 1 & a \times 2 + b \times 2 \\ c \times 1 + d \times 1 & c \times 2 + d \times 2 \end{pmatrix}$$

$$= \begin{pmatrix} a + b & 2a + 2b \\ c + d & 2c + 2d \end{pmatrix}$$

⑤

$$\begin{pmatrix} a & b \\ c & d \end{pmatrix} \begin{pmatrix} 1 & 1 \\ 2 & 2 \end{pmatrix}$$

$$= \begin{pmatrix} a \times 1 + b \times 2 & a \times 1 + b \times 2 \\ c \times 1 + d \times 2 & c \times 1 + d \times 2 \end{pmatrix}$$

$$= \begin{pmatrix} a + 2b & a + 2b \\ c + 2d & c + 2d \end{pmatrix}$$

⑥

$$\begin{pmatrix} 1 & 1 \\ 1 & 1 \end{pmatrix} \begin{pmatrix} a & b \\ c & d \end{pmatrix}$$

$$= \begin{pmatrix} 1 \times a + 1 \times c & 1 \times b + 1 \times d \\ 1 \times a + 1 \times c & 1 \times b + 1 \times d \end{pmatrix}$$

$$= \begin{pmatrix} a + c & b + d \\ a + c & b + d \end{pmatrix}$$

⑦

$$\begin{pmatrix} 1 & 2 \\ 1 & 2 \end{pmatrix}\begin{pmatrix} a & b \\ c & d \end{pmatrix}$$

$$= \begin{pmatrix} 1 \times a + 2 \times c & 1 \times b + 2 \times d \\ 1 \times a + 2 \times c & 1 \times b + 2 \times d \end{pmatrix}$$

$$= \begin{pmatrix} a + 2c & b + 2d \\ a + 2c & b + 2d \end{pmatrix}$$

⑧

$$\begin{pmatrix} 1 & 1 \\ 2 & 2 \end{pmatrix}\begin{pmatrix} a & b \\ c & d \end{pmatrix}$$

$$= \begin{pmatrix} 1 \times a + 1 \times c & 1 \times b + 1 \times d \\ 2 \times a + 2 \times c & 2 \times b + 2 \times d \end{pmatrix}$$

$$= \begin{pmatrix} a + c & b + d \\ 2a + 2c & 2b + 2d \end{pmatrix}$$

⑨

$$\begin{pmatrix} a & b \\ c & d \end{pmatrix}\begin{pmatrix} a & b \\ c & d \end{pmatrix}$$

$$= \begin{pmatrix} aa + bc & ab + bd \\ ca + dc & cb + dd \end{pmatrix}$$

$$= \begin{pmatrix} a^2 + bc & b(a + d) \\ c(a + d) & cb + d^2 \end{pmatrix}$$

注意：上式中，將 $b$ 與 $c$ 提出，寫成 $b(a + d)$ 與 $c(a + d)$ 的樣子，只是為了看起來比較簡潔而已。保持原本的 $ab + bd$ 和 $ca + dc$ 也沒關係。

●問題 2-2（和的定義可能性）

①～⑧中，可以定義和的式子有哪些？試求出這些和。

① $\begin{pmatrix} 1 & 2 \\ 3 & 4 \end{pmatrix} + \begin{pmatrix} 10 & 20 \\ 30 & 40 \end{pmatrix}$

② $\begin{pmatrix} 1 & 2 \\ 3 & 4 \end{pmatrix} + \begin{pmatrix} 10 & 20 \end{pmatrix}$

③ $\begin{pmatrix} 1 & 2 \\ 3 & 4 \end{pmatrix} + \begin{pmatrix} 10 \\ 20 \end{pmatrix}$

④ $\begin{pmatrix} 1 & 2 \\ 3 & 4 \end{pmatrix} + \begin{pmatrix} 10 & 20 & 30 \\ 40 & 50 & 60 \end{pmatrix}$

⑤ $\begin{pmatrix} 1 & 2 & 3 \\ 4 & 5 & 6 \end{pmatrix} + \begin{pmatrix} 10 & 20 \\ 30 & 40 \end{pmatrix}$

⑥ $\begin{pmatrix} 1 & 2 & 3 \\ 4 & 5 & 6 \end{pmatrix} + \begin{pmatrix} 10 & 20 & 30 \\ 40 & 50 & 60 \end{pmatrix}$

⑦ $\begin{pmatrix} 1 & 2 \\ 3 & 4 \\ 5 & 6 \end{pmatrix} + \begin{pmatrix} 10 & 20 & 30 \\ 40 & 50 & 60 \end{pmatrix}$

⑧ $\begin{pmatrix} 1 & 2 & 3 \\ 4 & 5 & 6 \end{pmatrix} + \begin{pmatrix} 10 & 20 \\ 30 & 40 \\ 50 & 60 \end{pmatrix}$

■解答 2-2

　　只有當兩個矩陣 $A$ 與 $B$ 的列數與行數皆相等，兩矩陣的和 $A + B$ 才有定義。因此可定義和的只有①和⑥。

【解答】

① $\begin{pmatrix} 1 & 2 \\ 3 & 4 \end{pmatrix} + \begin{pmatrix} 10 & 20 \\ 30 & 40 \end{pmatrix} = \begin{pmatrix} 11 & 22 \\ 33 & 44 \end{pmatrix}$

⑥ $\begin{pmatrix} 1 & 2 & 3 \\ 4 & 5 & 6 \end{pmatrix} + \begin{pmatrix} 10 & 20 & 30 \\ 40 & 50 & 60 \end{pmatrix} = \begin{pmatrix} 11 & 22 & 33 \\ 44 & 55 & 66 \end{pmatrix}$

●問題 2-3（積的定義可能性）

①～⑧中，可以定義積的式子有哪些？試求出這些積。

① $\begin{pmatrix} 1 & 2 \\ 3 & 4 \end{pmatrix} \begin{pmatrix} 10 & 20 \\ 30 & 40 \end{pmatrix}$

② $\begin{pmatrix} 1 & 2 \\ 3 & 4 \end{pmatrix} \begin{pmatrix} 10 & 20 \end{pmatrix}$

③ $\begin{pmatrix} 1 & 2 \\ 3 & 4 \end{pmatrix} \begin{pmatrix} 10 \\ 20 \end{pmatrix}$

④ $\begin{pmatrix} 1 & 2 \\ 3 & 4 \end{pmatrix} \begin{pmatrix} 10 & 20 & 30 \\ 40 & 50 & 60 \end{pmatrix}$

⑤ $\begin{pmatrix} 1 & 2 & 3 \\ 4 & 5 & 6 \end{pmatrix} \begin{pmatrix} 10 & 20 \\ 30 & 40 \end{pmatrix}$

⑥ $\begin{pmatrix} 1 & 2 & 3 \\ 4 & 5 & 6 \end{pmatrix} \begin{pmatrix} 10 & 20 & 30 \\ 40 & 50 & 60 \end{pmatrix}$

⑦ $\begin{pmatrix} 1 & 2 \\ 3 & 4 \\ 5 & 6 \end{pmatrix} \begin{pmatrix} 10 & 20 & 30 \\ 40 & 50 & 60 \end{pmatrix}$

⑧ $\begin{pmatrix} 1 & 2 & 3 \\ 4 & 5 & 6 \end{pmatrix} \begin{pmatrix} 10 & 20 \\ 30 & 40 \\ 50 & 60 \end{pmatrix}$

■解答 2-3

只有當矩陣 $A$ 的行數與矩陣 $B$ 的列數相等，兩矩陣的積 $AB$ 才有定義。因此，可定義積的有①、③、④、⑦、⑧。

①

$$\begin{pmatrix} 1 & 2 \\ 3 & 4 \end{pmatrix} \begin{pmatrix} 10 & 20 \\ 30 & 40 \end{pmatrix}$$

$$= \begin{pmatrix} 1 \times 10 + 2 \times 30 & 1 \times 20 + 2 \times 40 \\ 3 \times 10 + 4 \times 30 & 3 \times 20 + 4 \times 40 \end{pmatrix}$$

$$= \begin{pmatrix} 10 + 60 & 20 + 80 \\ 30 + 120 & 60 + 160 \end{pmatrix}$$

$$= \begin{pmatrix} 70 & 100 \\ 150 & 220 \end{pmatrix}$$

③

$$\begin{pmatrix} 1 & 2 \\ 3 & 4 \end{pmatrix} \begin{pmatrix} 10 \\ 20 \end{pmatrix}$$

$$= \begin{pmatrix} 1 \times 10 + 2 \times 20 \\ 3 \times 10 + 4 \times 20 \end{pmatrix}$$

$$= \begin{pmatrix} 10 + 40 \\ 30 + 80 \end{pmatrix}$$

$$= \begin{pmatrix} 50 \\ 110 \end{pmatrix}$$

④

$$\begin{pmatrix} 1 & 2 \\ 3 & 4 \end{pmatrix} \begin{pmatrix} 10 & 20 & 30 \\ 40 & 50 & 60 \end{pmatrix}$$

$$= \begin{pmatrix} 1 \times 10 + 2 \times 40 & 1 \times 20 + 2 \times 50 & 1 \times 30 + 2 \times 60 \\ 3 \times 10 + 4 \times 40 & 3 \times 20 + 4 \times 50 & 3 \times 30 + 4 \times 60 \end{pmatrix}$$

$$= \begin{pmatrix} 10 + 80 & 20 + 100 & 30 + 120 \\ 30 + 160 & 60 + 200 & 90 + 240 \end{pmatrix}$$

$$= \begin{pmatrix} 90 & 120 & 150 \\ 190 & 260 & 330 \end{pmatrix}$$

⑦

$$\begin{pmatrix} 1 & 2 \\ 3 & 4 \\ 5 & 6 \end{pmatrix} \begin{pmatrix} 10 & 20 & 30 \\ 40 & 50 & 60 \end{pmatrix}$$

$$= \begin{pmatrix} 1 \times 10 + 2 \times 40 & 1 \times 20 + 2 \times 50 & 1 \times 30 + 2 \times 60 \\ 3 \times 10 + 4 \times 40 & 3 \times 20 + 4 \times 50 & 3 \times 30 + 4 \times 60 \\ 5 \times 10 + 6 \times 40 & 5 \times 20 + 6 \times 50 & 5 \times 30 + 6 \times 60 \end{pmatrix}$$

$$= \begin{pmatrix} 10 + 80 & 20 + 100 & 30 + 120 \\ 30 + 160 & 60 + 200 & 90 + 240 \\ 50 + 240 & 100 + 300 & 150 + 360 \end{pmatrix}$$

$$= \begin{pmatrix} 90 & 120 & 150 \\ 190 & 260 & 330 \\ 290 & 400 & 510 \end{pmatrix}$$

⑧

$$\begin{pmatrix} 1 & 2 & 3 \\ 4 & 5 & 6 \end{pmatrix} \begin{pmatrix} 10 & 20 \\ 30 & 40 \\ 50 & 60 \end{pmatrix}$$

$$= \begin{pmatrix} 1 \times 10 + 2 \times 30 + 3 \times 50 & 1 \times 20 + 2 \times 40 + 3 \times 60 \\ 4 \times 10 + 5 \times 30 + 6 \times 50 & 4 \times 20 + 5 \times 40 + 6 \times 60 \end{pmatrix}$$

$$= \begin{pmatrix} 10 + 60 + 150 & 20 + 80 + 180 \\ 40 + 150 + 300 & 80 + 200 + 360 \end{pmatrix}$$

$$= \begin{pmatrix} 220 & 280 \\ 490 & 640 \end{pmatrix}$$

## 補充

　　思考積的定義可能性時，可像下圖般想像行與列的對應關係，會比較清楚。

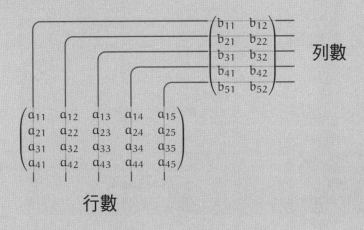

●問題 2-4（3×3 矩陣的單位矩陣）

第 2 章中我們定義了 2×2 矩陣的單位矩陣。那麼 3×3 矩陣的單位矩陣又是什麼樣子呢？

■解答 2-4

3×3 矩陣的單位矩陣為

$$\begin{pmatrix} 1 & 0 & 0 \\ 0 & 1 & 0 \\ 0 & 0 & 1 \end{pmatrix}$$

我們可由以下的計算過程確認，不管是什麼樣的 3×3 矩陣 $A$，乘上這個矩陣後，都會等於原來的矩陣 $A$。

$$\begin{pmatrix} a_{11} & a_{12} & a_{13} \\ a_{21} & a_{22} & a_{23} \\ a_{31} & a_{32} & a_{33} \end{pmatrix} \begin{pmatrix} 1 & 0 & 0 \\ 0 & 1 & 0 \\ 0 & 0 & 1 \end{pmatrix}$$

$$= \begin{pmatrix} a_{11} \times 1 + a_{12} \times 0 + a_{13} \times 0 & a_{11} \times 0 + a_{12} \times 1 + a_{13} \times 0 & a_{11} \times 0 + a_{12} \times 0 + a_{13} \times 1 \\ a_{21} \times 1 + a_{22} \times 0 + a_{23} \times 0 & a_{21} \times 0 + a_{22} \times 1 + a_{23} \times 0 & a_{21} \times 0 + a_{22} \times 0 + a_{23} \times 1 \\ a_{31} \times 1 + a_{32} \times 0 + a_{33} \times 0 & a_{31} \times 0 + a_{32} \times 1 + a_{33} \times 0 & a_{31} \times 0 + a_{32} \times 0 + a_{33} \times 1 \end{pmatrix}$$

$$= \begin{pmatrix} a_{11} & a_{12} & a_{13} \\ a_{21} & a_{22} & a_{23} \\ a_{31} & a_{32} & a_{33} \end{pmatrix}$$

補充

設 $n$ 為正整數，那麼 $n \times n$ 矩陣的單位矩陣可定義如下。

$$\begin{pmatrix} a_{11} & a_{12} & a_{13} & a_{14} & \cdots & a_{1n} \\ a_{21} & a_{22} & a_{23} & a_{24} & \cdots & a_{2n} \\ a_{31} & a_{32} & a_{33} & a_{34} & \cdots & a_{3n} \\ a_{41} & a_{42} & a_{43} & a_{44} & \cdots & a_{4n} \\ \vdots & \vdots & \vdots & \vdots & \ddots & \vdots \\ a_{n1} & a_{n2} & a_{n3} & a_{n4} & \cdots & a_{nn} \end{pmatrix} = \begin{pmatrix} 1 & 0 & 0 & 0 & \cdots & 0 \\ 0 & 1 & 0 & 0 & \cdots & 0 \\ 0 & 0 & 1 & 0 & \cdots & 0 \\ 0 & 0 & 0 & 1 & \cdots & 0 \\ \vdots & \vdots & \vdots & \vdots & \ddots & \vdots \\ 0 & 0 & 0 & 0 & \cdots & 1 \end{pmatrix}$$

也就是說，$n \times n$ 矩陣的單位矩陣為

$$a_{11}, a_{22}, a_{33}, a_{44}, \ldots, a_{nn}$$

等對角線上的元素（對角元素）為 1，其它元素皆為 0 的矩陣。
亦可表示如下。

$$a_{jk} = \begin{cases} 0 & (j \neq k) \\ 1 & (j = k) \end{cases}$$

●問題 2-5（逆矩陣）

試求出①～③的逆矩陣。

① $\begin{pmatrix} 2 & 0 \\ 0 & 3 \end{pmatrix}$

② $\begin{pmatrix} 1 & 1 \\ 0 & 1 \end{pmatrix}$

③ $\begin{pmatrix} 0 & -1 \\ 1 & 0 \end{pmatrix}$

■解答 2-5

當 $ad - bc \neq 0$ 時，矩陣 $\begin{pmatrix} a & b \\ c & d \end{pmatrix}$ 的逆矩陣可由下式求得。

$$\begin{pmatrix} a & b \\ c & d \end{pmatrix}^{-1} = \frac{1}{ad-bc} \begin{pmatrix} d & -b \\ -c & a \end{pmatrix}$$

① 

$$\begin{pmatrix} 2 & 0 \\ 0 & 3 \end{pmatrix}^{-1} = \frac{1}{2 \times 3 - 0 \times 0} \begin{pmatrix} 3 & -0 \\ -0 & 2 \end{pmatrix}$$

$$= \frac{1}{6} \begin{pmatrix} 3 & 0 \\ 0 & 2 \end{pmatrix}$$

$$= \begin{pmatrix} \frac{1}{2} & 0 \\ 0 & \frac{1}{3} \end{pmatrix}$$

$$= \begin{pmatrix} 2^{-1} & 0 \\ 0 & 3^{-1} \end{pmatrix}$$

**補充**：將其一般化後可得：當 $ab \neq 0$ 時，下列等式成立。

$$\begin{pmatrix} a & 0 \\ 0 & b \end{pmatrix}^{-1} = \begin{pmatrix} a^{-1} & 0 \\ 0 & b^{-1} \end{pmatrix}$$

② 

$$\begin{pmatrix} 1 & 1 \\ 0 & 1 \end{pmatrix}^{-1} = \frac{1}{1 \times 1 - 1 \times 0} \begin{pmatrix} 1 & -1 \\ -0 & 1 \end{pmatrix}$$

$$= \begin{pmatrix} 1 & -1 \\ 0 & 1 \end{pmatrix}$$

**補充**：將其一般化後可得以下等式。

$$\begin{pmatrix} 1 & a \\ 0 & 1 \end{pmatrix}^{-1} = \begin{pmatrix} 1 & -a \\ 0 & 1 \end{pmatrix}$$

③

$$\begin{pmatrix} 0 & -1 \\ 1 & 0 \end{pmatrix}^{-1} = \frac{1}{0 \times 0 - (-1) \times 1} \begin{pmatrix} 0 & 1 \\ -1 & 0 \end{pmatrix}$$

$$= \begin{pmatrix} 0 & 1 \\ -1 & 0 \end{pmatrix}$$

補充：將其一般化後可得：當 $a \neq 0$ 時，下列等式成立。

$$\begin{pmatrix} 0 & -a \\ a & 0 \end{pmatrix}^{-1} = \frac{1}{a^2} \begin{pmatrix} 0 & a \\ -a & 0 \end{pmatrix}$$

---

●問題 2-6（1×1 矩陣的逆矩陣）

試求出 $1 \times 1$ 矩陣（$a$）的逆矩陣。

---

■解答 2-6

$1 \times 1$ 矩陣的單位矩陣為（1），故所求為滿足下式的 $x$。

$$(a)(x) = (1)$$

計算等號左邊的矩陣乘積可得

$$(ax) = (1)$$

比較等號兩邊元素，可知所求為滿足下式的 $x$。

$$ax = 1$$

當 $a = 0$ 時，不存在可滿足上式的 $x$。當 $a \neq 0$ 時，則如下。

$$x = \frac{1}{a} = a^{-1}$$

因此 $a = 0$ 時，不存在（$a$）的逆矩陣。而 $a \neq 0$ 時，
（$a$）$^{-1} = （a^{-1}）$。

---

●問題 2-7（逆矩陣的逆矩陣）

試求出以下矩陣 $A$ 的逆矩陣 $A^{-1}$。

$$A = \frac{1}{ad - bc} \begin{pmatrix} d & -b \\ -c & a \end{pmatrix}$$

---

■解答 2-7

$A^{-1}$ 如下式所示。

$$A^{-1} = \begin{pmatrix} a & b \\ c & d \end{pmatrix}$$

可驗算如下。

$$\frac{1}{ad - bc} \begin{pmatrix} d & -b \\ -c & a \end{pmatrix} \begin{pmatrix} a & b \\ c & d \end{pmatrix} = \frac{1}{ad - bc} \begin{pmatrix} da - bc & db - bd \\ -ca + ac & -cb + ad \end{pmatrix}$$

$$= \frac{1}{ad - bc} \begin{pmatrix} ad - bc & 0 \\ 0 & ad - bc \end{pmatrix}$$

$$= \begin{pmatrix} 1 & 0 \\ 0 & 1 \end{pmatrix}$$

## 補充

矩陣 $\frac{1}{ad-bc}\begin{pmatrix} d & -b \\ -c & a \end{pmatrix}$ 為矩陣 $\begin{pmatrix} a & b \\ c & d \end{pmatrix}$ 的逆矩陣，逆矩陣的逆矩陣就是原來的矩陣。換言之，當 $ad-bc \neq 0$ 時，以下等式成立。

$$\left( \begin{pmatrix} a & b \\ c & d \end{pmatrix}^{-1} \right)^{-1} = \begin{pmatrix} a & b \\ c & d \end{pmatrix}$$

# 第 3 章的解答

●問題 3-1（在矩陣世界中成立的等式）

①～⑦中，哪些等式對於任意 $2 \times 2$ 矩陣 $A$、$B$、$C$ 皆成立？其中，$I$ 為 $2 \times 2$ 的單位矩陣。

① $A + B = B + A$

② $AB = BA$

③ $AB + BA = 2AB$

④ $(A+B)(A-B) = A^2 - B^2$

⑤ $(A+B)(A+C) = A^2 + (B+C)A + BC$

⑥ $(A+B)^2 = A^2 + 2AB + B^2$

⑦ $(A+I)^2 = A^2 + 2A + I$

■解答 3-1

需注意，矩陣的世界中，乘法交換律並不成立。

① $A + B = B + A$ 永遠成立。

② $AB = BA$ 不一定成立。譬如 $A = \begin{pmatrix} 1 & 1 \\ 0 & 0 \end{pmatrix}$、$B = \begin{pmatrix} 1 & 0 \\ 1 & 0 \end{pmatrix}$ 時，$AB$ 與 $BA$ 分別如下。

$$AB = \begin{pmatrix} 1 & 1 \\ 0 & 0 \end{pmatrix} \begin{pmatrix} 1 & 0 \\ 1 & 0 \end{pmatrix}$$

$$= \begin{pmatrix} 1\times1+1\times1 & 1\times0+1\times0 \\ 0\times1+0\times1 & 0\times0+0\times0 \end{pmatrix}$$

$$= \begin{pmatrix} 2 & 0 \\ 0 & 0 \end{pmatrix}$$

$$BA = \begin{pmatrix} 1 & 0 \\ 1 & 0 \end{pmatrix} \begin{pmatrix} 1 & 1 \\ 0 & 0 \end{pmatrix}$$

$$= \begin{pmatrix} 1\times1+0\times0 & 1\times1+0\times0 \\ 1\times1+0\times0 & 1\times1+0\times0 \end{pmatrix}$$

$$= \begin{pmatrix} 1 & 1 \\ 1 & 1 \end{pmatrix}$$

此時，$AB \neq BA$。

③ $AB + BA = 2AB$ 不一定成立。譬如 $A = \begin{pmatrix} 1 & 1 \\ 0 & 0 \end{pmatrix}$、$B = \begin{pmatrix} 1 & 0 \\ 1 & 0 \end{pmatrix}$ 時，$AB + BA$ 與 $2AB$ 分別如下（$AB$ 與 $BA$ 已經在②中計算過了）。

$$AB + BA = \begin{pmatrix} 2 & 0 \\ 0 & 0 \end{pmatrix} + \begin{pmatrix} 1 & 1 \\ 1 & 1 \end{pmatrix}$$

$$= \begin{pmatrix} 3 & 1 \\ 1 & 1 \end{pmatrix}$$

$$2AB = 2\begin{pmatrix} 2 & 0 \\ 0 & 0 \end{pmatrix}$$

$$= \begin{pmatrix} 4 & 0 \\ 0 & 0 \end{pmatrix}$$

此時 $AB + BA \neq 2AB$。

④ $(A + B)(A - B) = A^2 - B^2$ 不一定成立。

等號左邊計算如下。

$$(A+B)(A-B) = (A+B)A - (A+B)B$$
$$= AA + BA - AB - BB$$
$$= A^2 + BA - AB - B^2$$

當 $BA-AB \neq O$，即 $BA \neq AB$ 時，④就不成立。譬如 $A = \begin{pmatrix} 1 & 1 \\ 0 & 0 \end{pmatrix}$、$B = \begin{pmatrix} 1 & 0 \\ 1 & 0 \end{pmatrix}$ 時，④便不成立。

⑤ $(A+B)(A+C) = A^2 + (B+C)A + BC$ 不一定成立。等號左邊與等號右邊分別計算如下。

$$(A+B)(A+C) = (A+B)A + (A+B)C$$
$$= AA + BA + AC + BC$$
$$= A^2 + BA + AC + BC$$
$$A^2 + (B+C)A + BC = A^2 + BA + CA + BC$$

當 $AC \neq CA$ 時，⑤就不成立。譬如 $A = \begin{pmatrix} 1 & 1 \\ 0 & 0 \end{pmatrix}$、$B = \begin{pmatrix} 1 & 0 \\ 1 & 0 \end{pmatrix}$ 時，⑤便不成立。

⑥ $(A+B)^2 = A^2 + 2AB + B^2$ 不一定成立。等號左邊與等號右邊分別計算如下。

$$(A+B)^2 = (A+B)(A+B)$$
$$= (A+B)A + (A+B)B$$
$$= AA + BA + AB + BB$$
$$= A^2 + BA + AB + B^2$$
$$A^2 + 2AB + B^2 = A^2 + AB + AB + B^2$$

當 $AB \neq BA$ 時，⑥就不成立。譬如 $A = \begin{pmatrix} 1 & 1 \\ 0 & 0 \end{pmatrix}$、$B = \begin{pmatrix} 1 & 0 \\ 1 & 0 \end{pmatrix}$ 時，⑥便不成立。

⑦ 將 $(A + I)^2 = A^2 + 2A + I$ 的等號左邊展開，整理後可得到等號右邊的式子，故這個等式恆成立。

$$(A + I)^2 = (A + I)(A + I)$$
$$= (A + I)A + (A + I)I$$
$$= AA + IA + AI + II$$
$$= A^2 + A + A + I^2$$
$$= A^2 + 2A + I^2$$
$$= A^2 + 2A + I$$

答：①與⑦恆成立

---

●問題 3-2（分配律）

試證明對於任意 $2 \times 2$ 矩陣 $A$、$B$、$C$ 來說，以下等式皆成立。

$$(A + B)C = AC + BC$$

---

■解答 3-2

（耐著性子）計算矩陣中的各個元素。

設 $A = \begin{pmatrix} a_1 & a_2 \\ a_3 & a_4 \end{pmatrix}$、$B = \begin{pmatrix} b_1 & b_2 \\ b_3 & b_4 \end{pmatrix}$、$C = \begin{pmatrix} c_1 & c_2 \\ c_3 & c_4 \end{pmatrix}$。

首先計算 $(A + B)C$ 如下。

$(A + B)C$

$$= \left( \begin{pmatrix} a_1 & a_2 \\ a_3 & a_4 \end{pmatrix} + \begin{pmatrix} b_1 & b_2 \\ b_3 & b_4 \end{pmatrix} \right) \begin{pmatrix} c_1 & c_2 \\ c_3 & c_4 \end{pmatrix}$$

$$= \begin{pmatrix} a_1 + b_1 & a_2 + b_2 \\ a_3 + b_3 & a_4 + b_4 \end{pmatrix} \begin{pmatrix} c_1 & c_2 \\ c_3 & c_4 \end{pmatrix}$$

$$= \begin{pmatrix} (a_1 + b_1)c_1 + (a_2 + b_2)c_3 & (a_1 + b_1)c_2 + (a_2 + b_2)c_4 \\ (a_3 + b_3)c_1 + (a_4 + b_4)c_3 & (a_3 + b_3)c_2 + (a_4 + b_4)c_4 \end{pmatrix}$$

$$= \begin{pmatrix} a_1c_1 + b_1c_1 + a_2c_3 + b_2c_3 & a_1c_2 + b_1c_2 + a_2c_4 + b_2c_4 \\ a_3c_1 + b_3c_1 + a_4c_3 + b_4c_3 & a_3c_2 + b_3c_2 + a_4c_4 + b_4c_4 \end{pmatrix}$$

再計算 $AC + BC$ 如下。

$AC + BC$

$$= \begin{pmatrix} a_1 & a_2 \\ a_3 & a_4 \end{pmatrix} \begin{pmatrix} c_1 & c_2 \\ c_3 & c_4 \end{pmatrix} + \begin{pmatrix} b_1 & b_2 \\ b_3 & b_4 \end{pmatrix} \begin{pmatrix} c_1 & c_2 \\ c_3 & c_4 \end{pmatrix}$$

$$= \begin{pmatrix} a_1c_1 + a_2c_3 & a_1c_2 + a_2c_4 \\ a_3c_1 + a_4c_3 & a_3c_2 + a_4c_4 \end{pmatrix} + \begin{pmatrix} b_1c_1 + b_2c_3 & b_1c_2 + b_2c_4 \\ b_3c_1 + b_4c_3 & b_3c_2 + b_4c_4 \end{pmatrix}$$

$$= \begin{pmatrix} (a_1c_1 + a_2c_3) + (b_1c_1 + b_2c_3) & (a_1c_2 + a_2c_4) + (b_1c_2 + b_2c_4) \\ (a_3c_1 + a_4c_3) + (b_3c_1 + b_4c_3) & (a_3c_2 + a_4c_4) + (b_3c_2 + b_4c_4) \end{pmatrix}$$

$$= \begin{pmatrix} a_1c_1 + a_2c_3 + b_1c_1 + b_2c_3 & a_1c_2 + a_2c_4 + b_1c_2 + b_2c_4 \\ a_3c_1 + a_4c_3 + b_3c_1 + b_4c_3 & a_3c_2 + a_4c_4 + b_3c_2 + b_4c_4 \end{pmatrix}$$

$$= \begin{pmatrix} a_1c_1 + b_1c_1 + a_2c_3 + b_2c_3 & a_1c_2 + b_1c_2 + a_2c_4 + b_2c_4 \\ a_3c_1 + b_3c_1 + a_4c_3 + b_4c_3 & a_3c_2 + b_3c_2 + a_4c_4 + b_4c_4 \end{pmatrix}$$

由於對應的元素相等，故 $(A + B)C = AC + BC$ 恆成立。
（證明結束）

## 另解

　　把焦點放在第 $j$ 行第 $k$ 列的元素（元素 $jk$）。開始證明前，先將任意兩個矩陣的和與積寫成一般化後的形式。

　　設 $X = \begin{pmatrix} x_{11} & x_{12} \\ x_{21} & x_{22} \end{pmatrix}$、$Y = \begin{pmatrix} y_{11} & y_{12} \\ y_{21} & y_{22} \end{pmatrix}$，則可得到

$$X = \begin{pmatrix} x_{11} & x_{12} \\ x_{21} & x_{22} \end{pmatrix}, Y = \begin{pmatrix} y_{11} & y_{12} \\ y_{21} & y_{22} \end{pmatrix}$$

$$\begin{pmatrix} x_{11} & x_{12} \\ x_{21} & x_{22} \end{pmatrix} + \begin{pmatrix} y_{11} & y_{12} \\ y_{21} & y_{22} \end{pmatrix} = \begin{pmatrix} x_{11} + y_{11} & x_{12} + y_{12} \\ x_{21} + y_{21} & x_{22} + y_{22} \end{pmatrix}$$

$$\begin{pmatrix} x_{11} & x_{12} \\ x_{21} & x_{22} \end{pmatrix} \begin{pmatrix} y_{11} & y_{12} \\ y_{21} & y_{22} \end{pmatrix} = \begin{pmatrix} x_{11}y_{11} + x_{12}y_{21} & x_{11}y_{12} + x_{12}y_{22} \\ x_{21}y_{11} + x_{22}y_{21} & x_{21}y_{12} + x_{22}y_{22} \end{pmatrix}$$

　　故

$$X + Y \text{ 的元素 } jk = x_{jk} + y_{jk}$$
$$XY \text{ 的元素 } jk = x_{j1}y_{1k} + x_{j2}y_{2k}$$

得到這個一般式之後，再藉此分別計算出矩陣 $(A + B)C$ 與矩陣 $AC + BC$ 的元素 $jk$。

　　設　$A = \begin{pmatrix} a_{11} & a_{12} \\ a_{21} & a_{22} \end{pmatrix}, B = \begin{pmatrix} b_{11} & b_{12} \\ b_{21} & b_{22} \end{pmatrix}, C = \begin{pmatrix} c_{11} & c_{12} \\ c_{21} & c_{22} \end{pmatrix}$

## 矩陣 $(A + B)C$

　　$A + B$ 的元素 $jk = a_{jk} + b_{jk}$

　　$A + B$ 的元素 $j1 = a_{j1} + b_{j1}$

　　$A + B$ 的元素 $j2 = a_{j2} + b_{j2}$

$(A + B)C$ 的元素 $jk = \underbrace{(a_{j1} + b_{j1})}_{A + B \text{的元素} j1} c_{1k} + \underbrace{(a_{j2} + b_{j2})}_{A + B \text{的元素} j2} c_{2k}$

$\qquad\qquad\qquad\qquad = a_{j1}c_{1k} + b_{j1}c_{1k} + a_{j2}c_{2k} + b_{j2}c_{2k}$

矩陣 $AC+BC$

$\qquad AC$ 的元素 $jk = a_{j1}c_{1k} + a_{j2}c_{2k}$

$\qquad BC$ 的元素 $jk = b_{j1}c_{1k} + b_{j2}c_{2k}$

$AC + BC$ 的元素 $jk = a_{j1}c_{1k} + a_{j2}c_{2k} + b_{j1}c_{1k} + b_{j2}c_{2k}$

$\qquad\qquad\qquad = a_{j1}c_{1k} + b_{j1}c_{1k} + a_{j2}c_{2k} + b_{j2}c_{2k}$

矩陣 $(A + B)C$ 與矩陣 $AC + BC$ 的元素 $jk$ 相等,故以下等式成立。

$$(A + B)C = AC + BC$$

（證明結束）

---

●問題 3-3（結合律）

試證明對任意 $2 \times 2$ 矩陣 $A$、$B$、$C$ 來說,以下等式皆成立。

$$(AB)C = A(BC)$$

---

■解答 3-3

設矩陣 $A$、$B$、$C$ 為

$$A = \begin{pmatrix} a_1 & a_2 \\ a_3 & a_4 \end{pmatrix}, \ B = \begin{pmatrix} b_1 & b_2 \\ b_3 & b_4 \end{pmatrix}, \ C = \begin{pmatrix} c_1 & c_2 \\ c_3 & c_4 \end{pmatrix}$$

計算 $(AB)C$。

(AB)C

$$= \left( \begin{pmatrix} a_1 & a_2 \\ a_3 & a_4 \end{pmatrix} \begin{pmatrix} b_1 & b_2 \\ b_3 & b_4 \end{pmatrix} \right) \begin{pmatrix} c_1 & c_2 \\ c_3 & c_4 \end{pmatrix}$$

$$= \begin{pmatrix} a_1b_1 + a_2b_3 & a_1b_2 + a_2b_4 \\ a_3b_1 + a_4b_3 & a_3b_2 + a_4b_4 \end{pmatrix} \begin{pmatrix} c_1 & c_2 \\ c_3 & c_4 \end{pmatrix}$$

$$= \begin{pmatrix} (a_1b_1 + a_2b_3)c_1 + (a_1b_2 + a_2b_4)c_3 & (a_1b_1 + a_2b_3)c_2 + (a_1b_2 + a_2b_4)c_4 \\ (a_3b_1 + a_4b_3)c_1 + (a_3b_2 + a_4b_4)c_3 & (a_3b_1 + a_4b_3)c_2 + (a_3b_2 + a_4b_4)c_4 \end{pmatrix}$$

$$= \begin{pmatrix} a_1b_1c_1 + a_2b_3c_1 + a_1b_2c_3 + a_2b_4c_3 & a_1b_1c_2 + a_2b_3c_2 + a_1b_2c_4 + a_2b_4c_4 \\ a_3b_1c_1 + a_4b_3c_1 + a_3b_2c_3 + a_4b_4c_3 & a_3b_1c_2 + a_4b_3c_2 + a_3b_2c_4 + a_4b_4c_4 \end{pmatrix}$$

計算 $A(BC)$。

A(BC)

$$= \begin{pmatrix} a_1 & a_2 \\ a_3 & a_4 \end{pmatrix} \left( \begin{pmatrix} b_1 & b_2 \\ b_3 & b_4 \end{pmatrix} \begin{pmatrix} c_1 & c_2 \\ c_3 & c_4 \end{pmatrix} \right)$$

$$= \begin{pmatrix} a_1 & a_2 \\ a_3 & a_4 \end{pmatrix} \begin{pmatrix} b_1c_1 + b_2c_3 & b_1c_2 + b_2c_4 \\ b_3c_1 + b_4c_3 & b_3c_2 + b_4c_4 \end{pmatrix}$$

$$= \begin{pmatrix} a_1(b_1c_1 + b_2c_3) + a_2(b_3c_1 + b_4c_3) & a_1(b_1c_2 + b_2c_4) + a_2(b_3c_2 + b_4c_4) \\ a_3(b_1c_1 + b_2c_3) + a_4(b_3c_1 + b_4c_3) & a_3(b_1c_2 + b_2c_4) + a_4(b_3c_2 + b_4c_4) \end{pmatrix}$$

$$= \begin{pmatrix} a_1b_1c_1 + a_1b_2c_3 + a_2b_3c_1 + a_2b_4c_3 & a_1b_1c_2 + a_1b_2c_4 + a_2b_3c_2 + a_2b_4c_4 \\ a_3b_1c_1 + a_3b_2c_3 + a_4b_3c_1 + a_4b_4c_3 & a_3b_1c_2 + a_3b_2c_4 + a_4b_3c_2 + a_4b_4c_4 \end{pmatrix}$$

$$= \begin{pmatrix} a_1b_1c_1 + a_2b_3c_1 + a_1b_2c_3 + a_2b_4c_3 & a_1b_1c_2 + a_2b_3c_2 + a_1b_2c_4 + a_2b_4c_4 \\ a_3b_1c_1 + a_4b_3c_1 + a_3b_2c_3 + a_4b_4c_3 & a_3b_1c_2 + a_4b_3c_2 + a_3b_2c_4 + a_4b_4c_4 \end{pmatrix}$$

對應的元素相等，故 $(AB)C = A(BC)$ 等式成立。
（證明結束）

## 另解

與問題 3-2 的另解一樣，

設 $A = \begin{pmatrix} a_{11} & a_{12} \\ a_{21} & a_{22} \end{pmatrix}$, $B = \begin{pmatrix} b_{11} & b_{12} \\ b_{21} & b_{22} \end{pmatrix}$, $C = \begin{pmatrix} c_{11} & c_{12} \\ c_{21} & c_{22} \end{pmatrix}$

把焦點放在元素 $jk$ 上。

### 矩陣 $(AB)C$

$AB$ 的元素 $jk = a_{j1}b_{1k} + a_{j2}b_{2k}$

$(AB)C$ 的元素 $jk = \underbrace{(a_{j1}b_{11} + a_{j2}b_{21})}_{AB\text{ 的元素 }j1} c_{1k} + \underbrace{(a_{j1}b_{12} + a_{j2}b_{22})}_{AB\text{ 的元素 }j2} c_{2k}$

$= a_{j1}b_{11}c_{1k} + a_{j2}b_{21}c_{1k} + a_{j1}b_{12}c_{2k} + a_{j2}b_{22}c_{2k}$

### 矩陣 $A(BC)$

$BC$ 的元素 $jk = b_{j1}c_{1k} + b_{j2}c_{2k}$

$A(BC)$ 的元素 $jk = a_{j1}\underbrace{(b_{11}c_{1k} + b_{12}c_{2k})}_{BC\text{ 的元素 }1k} + a_{j2}\underbrace{(b_{21}c_{1k} + b_{22}c_{2k})}_{BC\text{ 的元素 }2k}$

$= a_{j1}b_{11}c_{1k} + a_{j1}b_{12}c_{2k} + a_{j2}b_{21}c_{1k} + a_{j2}b_{22}c_{2k}$

$= a_{j1}b_{11}c_{1k} + a_{j2}b_{21}c_{1k} + a_{j1}b_{12}c_{2k} + a_{j2}b_{22}c_{2k}$

矩陣 $(AB)C$ 與矩陣 $A(BC)$ 的元素 $jk$ 相同，故以下等式成立。

$$(AB)C = A(BC)$$

（證明結束）

## 第 4 章的解答

●問題 4-1（平移）

設有一種變換可將座標平面上的點 $\binom{x}{y}$ 全部往右平移 1，即

$$\binom{x}{y} \mapsto \binom{x+1}{y}$$

試問可以用矩陣與這個點的乘積來表示這種變換嗎？

■解答 4-1

不能。

題目的平移可將原點 $\binom{0}{0}$ 移動到 $\binom{1}{0}$，如下。

$$\binom{0}{0} \mapsto \binom{1}{0}$$

但矩陣乘法所進行的變換只會將原點 $\binom{0}{0}$ 移動到原點 $\binom{0}{0}$。

●問題 4-2（求變換後的點）

矩陣①～⑦會將座標平面上的點 $\begin{pmatrix} 2 \\ 1 \end{pmatrix}$ 移動到何處？

① $\begin{pmatrix} 0 & 0 \\ 0 & 0 \end{pmatrix}$

② $\begin{pmatrix} \frac{1}{2} & 0 \\ 0 & 2 \end{pmatrix}$

③ $\begin{pmatrix} 1 & 1 \\ 0 & 0 \end{pmatrix}$

④ $\begin{pmatrix} 1 & 2 \\ 0 & 1 \end{pmatrix}$

⑤ $\begin{pmatrix} 0 & -1 \\ 1 & 0 \end{pmatrix}$

⑥ $\begin{pmatrix} 0 & 1 \\ -1 & 0 \end{pmatrix}$

⑦ $\begin{pmatrix} \cos\theta & -\sin\theta \\ \sin\theta & \cos\theta \end{pmatrix}$

■解答 4-2

分別求出各矩陣和向量 $\begin{pmatrix} 2 \\ 1 \end{pmatrix}$ 的乘積。

$$① \begin{pmatrix} 0 & 0 \\ 0 & 0 \end{pmatrix} \begin{pmatrix} 2 \\ 1 \end{pmatrix} = \begin{pmatrix} 0 \\ 0 \end{pmatrix}$$

$$② \begin{pmatrix} \frac{1}{2} & 0 \\ 0 & 2 \end{pmatrix} \begin{pmatrix} 2 \\ 1 \end{pmatrix} = \begin{pmatrix} 1 \\ 2 \end{pmatrix}$$

$$③ \begin{pmatrix} 1 & 1 \\ 0 & 0 \end{pmatrix} \begin{pmatrix} 2 \\ 1 \end{pmatrix} = \begin{pmatrix} 3 \\ 0 \end{pmatrix}$$

$$④ \begin{pmatrix} 1 & 2 \\ 0 & 1 \end{pmatrix} \begin{pmatrix} 2 \\ 1 \end{pmatrix} = \begin{pmatrix} 4 \\ 1 \end{pmatrix}$$

⑤ $\begin{pmatrix} 0 & -1 \\ 1 & 0 \end{pmatrix} \begin{pmatrix} 2 \\ 1 \end{pmatrix} = \begin{pmatrix} -1 \\ 2 \end{pmatrix}$

⑥ $\begin{pmatrix} 0 & 1 \\ -1 & 0 \end{pmatrix} \begin{pmatrix} 2 \\ 1 \end{pmatrix} = \begin{pmatrix} 1 \\ -2 \end{pmatrix}$

⑦ $\begin{pmatrix} \cos\theta & -\sin\theta \\ \sin\theta & \cos\theta \end{pmatrix} \begin{pmatrix} 2 \\ 1 \end{pmatrix} = \begin{pmatrix} 2\cos\theta - \sin\theta \\ 2\sin\theta + \cos\theta \end{pmatrix}$

●問題 4-3（求變換後的圖形）

矩陣①～⑦會將下面這個座標平面上的圖形變換成什麼
樣子？

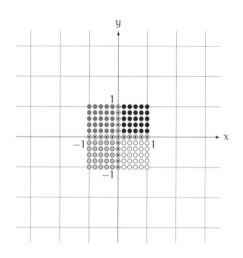

①  $\begin{pmatrix} 0 & 0 \\ 0 & 0 \end{pmatrix}$

②  $\begin{pmatrix} \frac{1}{2} & 0 \\ 0 & 2 \end{pmatrix}$

③  $\begin{pmatrix} 1 & 1 \\ 0 & 0 \end{pmatrix}$

④  $\begin{pmatrix} 1 & 2 \\ 0 & 1 \end{pmatrix}$

⑤  $\begin{pmatrix} 0 & -1 \\ 1 & 0 \end{pmatrix}$

⑥  $\begin{pmatrix} 0 & 1 \\ -1 & 0 \end{pmatrix}$

⑦  $\begin{pmatrix} \cos\theta & -\sin\theta \\ \sin\theta & \cos\theta \end{pmatrix}$

■解答 4-3

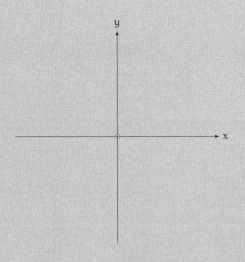

① $\begin{pmatrix} 0 & 0 \\ 0 & 0 \end{pmatrix}$

（所有點都會移動到原點）

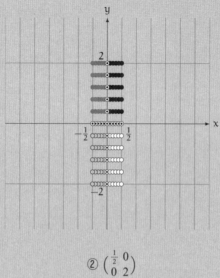

$$②\begin{pmatrix} \frac{1}{2} & 0 \\ 0 & 2 \end{pmatrix}$$

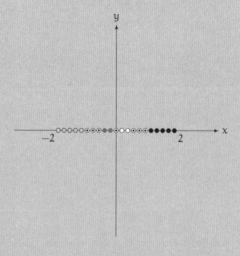

$$③\begin{pmatrix} 1 & 1 \\ 0 & 0 \end{pmatrix}$$

（$x$ 座標與 $y$ 座標之和相同的點，會移動到同一個點）

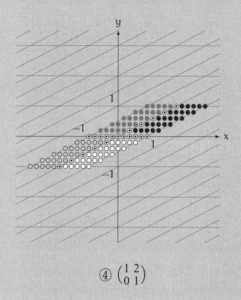

④ $\begin{pmatrix} 1 & 2 \\ 0 & 1 \end{pmatrix}$

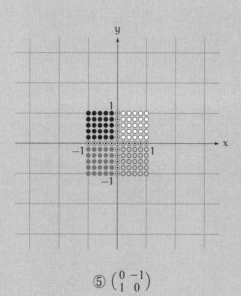

⑤ $\begin{pmatrix} 0 & -1 \\ 1 & 0 \end{pmatrix}$

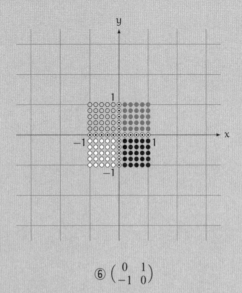

⑥ $\begin{pmatrix} 0 & 1 \\ -1 & 0 \end{pmatrix}$

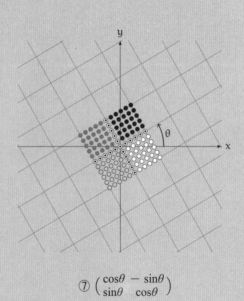

⑦ $\begin{pmatrix} \cos\theta & -\sin\theta \\ \sin\theta & \cos\theta \end{pmatrix}$

●問題 4-4（直線的變換）

矩陣 $\begin{pmatrix} 2 & 1 \\ 1 & 3 \end{pmatrix}$ 會將方程式 $x + 2y = 2$ 所表示的直線變換成什麼樣子呢？

提示：用方程式 $x + 2y = 2$ 表示的直線用參數 $t$ 表示如下。

$$\begin{pmatrix} x \\ y \end{pmatrix} = \begin{pmatrix} 2 \\ 0 \end{pmatrix} + t \begin{pmatrix} -2 \\ 1 \end{pmatrix}$$

■解答 4-4

位於方程式 $x + 2y = 2$ 所代表之直線上的點，可以寫成如下形式。

$$\begin{pmatrix} 2 \\ 0 \end{pmatrix} + t \begin{pmatrix} -2 \\ 1 \end{pmatrix} = \begin{pmatrix} 2 - 2t \\ t \end{pmatrix}$$

其中，$t$ 為任意實數。再以矩陣 $\begin{pmatrix} 2 & 1 \\ 1 & 3 \end{pmatrix}$ 進行變換，便可求出變換後的點。

$$\begin{aligned}
\begin{pmatrix} 2 & 1 \\ 1 & 3 \end{pmatrix} \begin{pmatrix} 2 - 2t \\ t \end{pmatrix} &= \begin{pmatrix} 2 \times (2 - 2t) + 1 \times t \\ 1 \times (2 - 2t) + 3 \times t \end{pmatrix} \\
&= \begin{pmatrix} 4 - 4t + t \\ 2 - 2t + 3t \end{pmatrix} \\
&= \begin{pmatrix} 4 - 3t \\ 2 + t \end{pmatrix} \\
&= \begin{pmatrix} 4 \\ 2 \end{pmatrix} + t \begin{pmatrix} -3 \\ 1 \end{pmatrix}
\end{aligned}$$

因此，變換後的圖形可以寫成 $t$ 的參數式如下，是一條直線。

$$\begin{pmatrix} x \\ y \end{pmatrix} = \begin{pmatrix} 4 \\ 2 \end{pmatrix} + t \begin{pmatrix} -3 \\ 1 \end{pmatrix}$$

上面的參數式即可做為答案。但為了要和題目的方程式形式一致，以下將消去 $t$，以得到沒有 $t$ 的直線方程式。

$$\begin{cases} x = 4 + (-3)t & \cdots\cdots ① \\ y = 2 + 1t & \cdots\cdots ② \end{cases}$$

由②可以得到 $t = y - 2$。將 $y - 2$ 代入①的 $t$ 內消去 $t$，可以得到

$$x = 4 + (-3)(y - 2)$$

整理後便可得到變換後的直線方程式。

$$x + 3y = 10$$

答：直線 $x + 3y = 10$

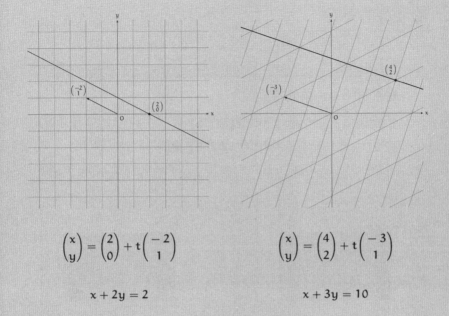

$$\begin{pmatrix} x \\ y \end{pmatrix} = \begin{pmatrix} 2 \\ 0 \end{pmatrix} + t \begin{pmatrix} -2 \\ 1 \end{pmatrix}$$

$$x + 2y = 2$$

$$\begin{pmatrix} x \\ y \end{pmatrix} = \begin{pmatrix} 4 \\ 2 \end{pmatrix} + t \begin{pmatrix} -3 \\ 1 \end{pmatrix}$$

$$x + 3y = 10$$

補充

　　像 $\begin{pmatrix} x \\ y \end{pmatrix} = \begin{pmatrix} 4 \\ 2 \end{pmatrix} + t \begin{pmatrix} -3 \\ 1 \end{pmatrix}$ 這種用參數來表示直線的方法，稱做直線的參數式。

# 第 5 章的解答

●問題 5-1（積的逆矩陣）

若兩個 2×2 矩陣 $A$、$B$ 的逆矩陣 $A^{-1}$、$B^{-1}$ 皆存在，試證明矩陣 $B^{-1}A^{-1}$ 為矩陣 $AB$ 的逆矩陣。

■解答 5-1

若計算矩陣 $AB$ 與矩陣 $B^{-1}A^{-1}$ 的乘積，得到單位矩陣 $I$，就能證明矩陣 $B^{-1}A^{-1}$ 是矩陣 $AB$ 的逆矩陣。

$$
\begin{aligned}
(AB)(B^{-1}A^{-1}) &= A(BB^{-1})A^{-1} && \text{由結合律}\\
&= AIA^{-1} && \text{由 } BB^{-1}=I\\
&= (AI)A^{-1} && \text{由結合律}\\
&= AA^{-1} && \text{由 } AI=A\\
&= I && \text{由 } AA^{-1}=I
\end{aligned}
$$

因此，$B^{-1}A^{-1}$ 是矩陣 $AB$ 的逆矩陣
（證明結束）

補充

由解答 5-1 可以知道，以下等式成立。

$$(AB)^{-1} = B^{-1}A^{-1}$$

●問題 5-2（旋轉矩陣的逆矩陣）

旋轉矩陣 $R_\theta$ 定義如下，參數 $\theta$ 為角度。

$$R_\theta = \begin{pmatrix} \cos\theta & -\sin\theta \\ \sin\theta & \cos\theta \end{pmatrix}$$

試證明 $R_{-\theta}$ 為 $R_\theta$ 的逆矩陣。另外，試求行列式 $|\,R_\theta\,|$。

■解答 5-2

計算 $R_\theta$ 與 $R_{-\theta}$ 的乘積。

$$R_\theta R_{-\theta} = \begin{pmatrix} \cos\theta & -\sin\theta \\ \sin\theta & \cos\theta \end{pmatrix} \begin{pmatrix} \cos(-\theta) & -\sin(-\theta) \\ \sin(-\theta) & \cos(-\theta) \end{pmatrix}$$

由 $\sin(-\theta) = -\sin\theta$ 與 $\cos(-\theta) = \cos\theta$，可得

$$= \begin{pmatrix} \cos\theta & -\sin\theta \\ \sin\theta & \cos\theta \end{pmatrix} \begin{pmatrix} \cos\theta & \sin\theta \\ -\sin\theta & \cos\theta \end{pmatrix}$$

$$= \begin{pmatrix} \cos\theta\cos\theta + \sin\theta\sin\theta & \cos\theta\sin\theta - \sin\theta\cos\theta \\ \sin\theta\cos\theta - \cos\theta\sin\theta & \sin\theta\sin\theta + \cos\theta\cos\theta \end{pmatrix}$$

$$= \begin{pmatrix} \cos^2\theta + \sin^2\theta & 0 \\ 0 & \sin^2\theta + \cos^2\theta \end{pmatrix}$$

由 $\cos^2\theta + \sin^2\theta = 1$，可得

$$= \begin{pmatrix} 1 & 0 \\ 0 & 1 \end{pmatrix}$$

$R_\theta R_{-\theta}$ 的積為單位矩陣，故 $R_{-\theta}$ 是 $R_\theta$ 的逆矩陣。

（證明結束）

行列式 $|R_\theta|$ 的計算如下。

$$|R_\theta| = \cos^2 \theta + \sin^2 \theta = 1$$

故 $R_\theta$ 的行列式為 1。

## 補充

由以上結果可以知道，以原點為中心，旋轉 $\theta$ 的線性變換，以及旋轉 $-\theta$ 的線性變換互為逆變換。

另外，因為行列式為 1，故由旋轉矩陣變換過的形狀，其面積不會改變。

計算過程中會用到以下三角函數性質。

$$\begin{cases} \sin(-\theta) = -\sin \theta & \sin\theta \text{ 為奇函數} \\ \cos(-\theta) = \cos \theta & \cos\theta \text{ 為偶函數} \\ \cos^2 \theta + \sin^2 \theta = 1 & \text{單位圓圓周上任意點與原點的距離為 1} \end{cases}$$

●問題 5-3（零矩陣）

設 $A$、$X$ 為 $2 \times 2$ 矩陣，且

$$AX = O$$

當 $|A| \neq 0$，試證明 $X = O$。

■解答 5-3

因為 $|A| \neq 0$，故 $A$ 的逆矩陣 $A^{-1}$ 存在。原式為

$$AX = O$$

在上式等號兩邊的左方分別乘上 $A^{-1}$，可以得到以下等式。

$$A^{-1}AX = A^{-1}O$$

接著如下處理。

$$
\begin{aligned}
A^{-1}AX &= A^{-1}O \qquad &\text{由上式} \\
IX &= A^{-1}O \qquad &\text{由 } A^{-1}A = I \\
X &= A^{-1}O \qquad &\text{由 } IX = X \\
X &= O \qquad &\text{由 } A^{-1}O = O
\end{aligned}
$$

最後可得到

$$X = O$$

（證明結束）


補充

　試著想想看，當 $AX=O$，$X$ 會有什麼性質。由解答 5-3 我們知道：

若 $|A| \neq 0$，則 $X=O$。

但下面這句話不一定對。

若 $A \neq O$，則 $X=O$。

因為 $A$ 和 $X$ 有可能是零因子。

●問題 5-4（零因子的構成）

設 $A$、$X$ 為 $2 \times 2$ 矩陣，其中

$$A \neq O \text{ 且 } X \neq O \text{ 且 } AX = O$$

設

$$A = \begin{pmatrix} a & b \\ c & d \end{pmatrix} \text{ 且 } |\ A\ | = 0$$

請舉出一個 $X$ 的例子。

■解答 5-4

$$X = \begin{pmatrix} d & -b \\ -c & a \end{pmatrix}$$

驗算

由 $A \neq O$ 可以知道，元素 $a$、$b$、$c$、$d$ 中至少有一個不為 $0$，故

$$X = \begin{pmatrix} d & -b \\ -c & a \end{pmatrix} \neq O$$

再來看 $AX = O$ 這個條件。

$$AX = \begin{pmatrix} a & b \\ c & d \end{pmatrix} \begin{pmatrix} d & -b \\ -c & a \end{pmatrix}$$

$$= \begin{pmatrix} ad+b(-c) & a(-b)+ba \\ cd+d(-c) & c(-b)+da \end{pmatrix}$$

$$= \begin{pmatrix} ad-bc & -ab+ab \\ cd-cd & ad-bc \end{pmatrix}$$

$$= \begin{pmatrix} ad-bc & 0 \\ 0 & ad-bc \end{pmatrix}$$

由於 $|A| = 0$，故 $ad-bc = 0$，故可得到

$$AX = O$$

**補充**

無論 $ad-bc$ 的值是否為 $0$，以下等式皆會成立。

$$\begin{pmatrix} a & b \\ c & d \end{pmatrix} \begin{pmatrix} d & -b \\ -c & a \end{pmatrix} = (ad-bc) \begin{pmatrix} 1 & 0 \\ 0 & 1 \end{pmatrix}$$

這個解答就是由這條式子得出來的。畫波浪底線的部分也出現在逆矩陣的公式中。逆矩陣公式如下，其中 $ad-bc \neq 0$。

$$\begin{pmatrix} a & b \\ c & d \end{pmatrix}^{-1} = \frac{1}{ad-bc} \begin{pmatrix} d & -b \\ -c & a \end{pmatrix}$$

●問題 5-5（凱萊─哈密頓定理）

設 $2 \times 2$ 矩陣 $A$ 為

$$A = \begin{pmatrix} a & b \\ c & d \end{pmatrix}$$

試證明以下等式成立。

$$A^2 - (a + d)A + (ad - bc)I = O$$

其中，$I = \begin{pmatrix} 1 & 0 \\ 0 & 1 \end{pmatrix}$、$O = \begin{pmatrix} 0 & 0 \\ 0 & 0 \end{pmatrix}$。

■解答 5-5

分別計算 $A^2$、$(a + d)A$、$(ad - bc)I$ 的各個元素。

$$A^2 = \begin{pmatrix} a & b \\ c & d \end{pmatrix}^2$$

$$= \begin{pmatrix} a^2 + bc & ab + bd \\ ac + cd & bc + d^2 \end{pmatrix}$$

$$= \begin{pmatrix} a^2 + bc & (a + d)b \\ (a + d)c & bc + d^2 \end{pmatrix}$$

$$(a + d)A = (a + d)\begin{pmatrix} a & b \\ c & d \end{pmatrix}$$

$$= \begin{pmatrix} a^2 + ad & (a + d)b \\ (a + d)c & ad + d^2 \end{pmatrix}$$

$$(ad - bc)I = (ad - bc)\begin{pmatrix} 1 & 0 \\ 0 & 1 \end{pmatrix}$$

$$= \begin{pmatrix} ad - bc & 0 \\ 0 & ad - bc \end{pmatrix}$$

故可得到

$A^2 - (a + d)A + (ad - bc)I$

$= \begin{pmatrix} a^2 + bc & (a + d)b \\ (a + d)c & bc + d^2 \end{pmatrix} - \begin{pmatrix} a^2 + ad & (a + d)b \\ (a + d)c & ad + d^2 \end{pmatrix} + \begin{pmatrix} ad - bc & 0 \\ 0 & ad - bc \end{pmatrix}$

$= \begin{pmatrix} 0 & 0 \\ 0 & 0 \end{pmatrix}$

$= O$

因此，以下等式成立。

$$A^2 - (a + d)A + (ad - bc)I = O$$

（證明結束）

●問題 5-6（行列式與面積）

以下四點 $\begin{pmatrix} 0 \\ 0 \end{pmatrix}$、$\begin{pmatrix} 1 \\ 0 \end{pmatrix}$、$\begin{pmatrix} 1 \\ 1 \end{pmatrix}$、$\begin{pmatrix} 0 \\ 1 \end{pmatrix}$ 可圍成一正方形（面積為 1），經矩陣 $\begin{pmatrix} a & b \\ c & d \end{pmatrix}$ 變換後可得一平行四邊形。試確認這個平行四邊形的面積為 $|ad - bc|$（為簡化問題，解題時可將面積為 0 的情況也視為平行四邊形）。

■解答 5-6

變換後之平行四邊形的四個頂點分別為 $\begin{pmatrix} 0 \\ 0 \end{pmatrix}$、$\begin{pmatrix} a \\ c \end{pmatrix}$、$\begin{pmatrix} a+b \\ c+d \end{pmatrix}$、$\begin{pmatrix} b \\ d \end{pmatrix}$。

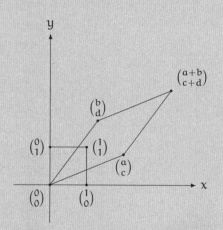

定義兩個向量 $\vec{a}$ 與 $\vec{b}$ 分別為

$$\vec{a} = \begin{pmatrix} a \\ c \end{pmatrix}, \quad \vec{b} = \begin{pmatrix} b \\ d \end{pmatrix}$$

設向量 $\vec{a}$ 與 $\vec{b}$ 的夾角為 $\theta$，那麼平行四邊形之面積（底邊×高）就會等於

$$|\vec{a}||\vec{b}| \sin \theta$$

（由於 $0 \leqq \theta \leqq \pi$，故 $\sin\theta \geqq 0$）。

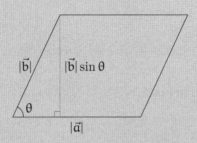

這裡的 $|\vec{a}|$ 與 $|\vec{b}|$ 分別代表 $\vec{a}$ 和 $\vec{b}$ 的大小。

因為 $\vec{a}=\begin{pmatrix}a\\c\end{pmatrix}$，故 $|\vec{a}|$ 可以用元素寫成以下的樣子。

$$|\vec{a}| = \sqrt{a^2 + c^2}$$

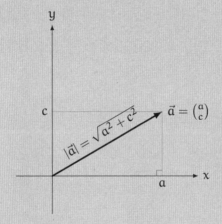

同樣的

$$|\vec{b}| = \sqrt{b^2 + d^2}$$

設平行四邊形的面積為 $S$，計算 $S^2$。

$$S^2 = |\vec{a}|^2 |\vec{b}|^2 \sin^2\theta \qquad\qquad\qquad \text{平方}$$

$$= |\vec{a}|^2 |\vec{b}|^2 (1 - \cos^2\theta) \qquad\qquad \text{由 } \cos^2\theta + \sin^2\theta = 1$$

$$= |\vec{a}|^2 |\vec{b}|^2 - |\vec{a}|^2 |\vec{b}|^2 \cos^2\theta \qquad \text{展開}$$

$$= |\vec{a}|^2 |\vec{b}|^2 - (|\vec{a}||\vec{b}|\cos\theta)^2 \qquad \text{化為乘積的平方}$$

$$= \left(\sqrt{a^2 + c^2}\right)^2 \left(\sqrt{b^2 + d^2}\right)^2 - (|\vec{a}||\vec{b}|\cos\theta)^2 \quad \text{由向量大小的公式}$$

$$= \left(\sqrt{a^2 + c^2}\right)^2 \left(\sqrt{b^2 + d^2}\right)^2 - (ab + cd)^2 \quad \text{以元素表示內積結果}$$

$$= (a^2 + c^2)(b^2 + d^2) - (ab + cd)^2 \qquad \text{根號與平方互相抵銷}$$

$$= (a^2 b^2 + a^2 d^2 + c^2 b^2 + c^2 d^2)$$
$$\qquad - (a^2 b^2 + 2abcd + c^2 d^2) \qquad \text{展開}$$

$$= a^2 d^2 - 2abcd + c^2 b^2 \qquad\qquad \text{消去 } a^2 b^2 \text{ 和 } c^2 d^2$$

$$= (ad)^2 - 2(ad)(bc) + (bc)^2 \qquad\quad \text{整理為平方展開式}$$

$$= (ad - bc)^2 \qquad\qquad\qquad\qquad \text{因式分解}$$

故

$$S^2 = (ad - bc)^2$$

最後得到

$$S = |ad - bc|$$

補充*

向量的內積（定義）

$$\vec{a} \cdot \vec{b} = |\vec{a}||\vec{b}| \cos \theta$$

向量的內積（以元素表示）

設 $\vec{a} = \begin{pmatrix} a \\ c \end{pmatrix}$、$\vec{b} = \begin{pmatrix} b \\ d \end{pmatrix}$，那麼 $\vec{a}$ 與 $\vec{b}$ 的內積 $\vec{a} \cdot \vec{b}$ 可表示如下。

$$\vec{a} \cdot \vec{b} = ab + cd$$

---

* 參考《數學女孩秘密筆記：向量篇》（世茂出版）。

## 注意

$|\vec{a}|$、$|a|$、$|A|$、$\begin{vmatrix} a & b \\ c & d \end{vmatrix}$ 皆有用到

$$| \ |$$

這個符號,但這個符號在各種情況下的意義並不相同。

- 對於向量 $\vec{a}$,$|\vec{a}|$ 表示向量的大小。
- 對於數值 $a$,$|a|$ 表示絕對值。
- 對於矩陣 $A$,$|A|$ 表示 $A$ 的行列式。
- 對於矩陣 $\begin{pmatrix} a & b \\ c & d \end{pmatrix}$,$\begin{vmatrix} a & b \\ c & d \end{vmatrix}$ 表示 $\begin{pmatrix} a & b \\ c & d \end{pmatrix}$ 的行列式。

讓人困擾的是,當矩陣 $A$ 為 $1 \times 1$ 矩陣,$A = (a)$ 時,$A$ 的行列式 $|A|$ 可以用矩陣的元素寫成 $|a|$。但如果這樣寫,就和數值 $a$ 的絕對值 $|a|$ 看不出差別了。$1 \times 1$ 矩陣 $(-1)$ 的行列式 $|-1|$ 為 $-1$,但數值 $-1$ 的絕對值 $|-1|$ 卻是 $1$。

若不用 $| \ |$ 來表示行列式,而是用 det 來表示,那麼矩陣 $A = (a)$ 的行列式就可以表示成 $\det A = \det(a)$,這樣就可以和數 $a$ 的絕對值 $|a|$ 做出區別。

# 給想多思考一點的你

除了本書的數學雜談，為了「想多思考一些」的讀者，我們特別準備了一些研究問題。本書中不會寫出答案，且答案可能不只一個。

請試著獨自研究，或者找其它有興趣的夥伴，一起思考這些問題吧！

# 第 1 章　創造出零

●研究問題 1-X1（0 是唯一）

正文中曾提到這樣的說明：「對於任何數 $a$，$a + 0$ 皆與 $a$ 相等。0 就是這樣的數，有這種性質的數也只有 0。」（p.2）試證明除了 0 之外，沒有任何數擁有這樣的性質。

提示：

可嘗試證明以下結果。

如果

- 存在一個數 $x_1$，使得
  對於任何數 $a$，$a + x_1 = a$ 恆成立。
- 存在一個數 $x_2$，使得
  對於任何數 $a$，$a + x_2 = a$ 恆成立。

那麼

$$x_1 = x_2$$

●研究問題 1-X2（矩陣的移項）

$A$、$B$、$C$ 為 $m \times n$ 矩陣，且有以下關係。

$$A + B = C$$

請證明，以下關係亦成立。

$$A = C - B$$

●研究問題 1-X3（矩陣的總和）

$A_1, A_2, \cdots, A_N$ 皆為 $m \times n$ 矩陣。試問矩陣的總和

$$\sum_{k=1}^{N} A_k$$

該如何定義？

# 第2章 創造出一

●研究問題 2-X1（考慮矩陣中的一）

第 2 章的一開始，由梨想把 $\begin{pmatrix} 1 & 1 \\ 1 & 1 \end{pmatrix}$ 當成矩陣的一。設

$$N = \begin{pmatrix} 1 & 1 \\ 1 & 1 \end{pmatrix}$$

請試著自由研究看看 $N$ 會有哪些性質。譬如 $2N$ 與 $3N$ 的和會是 $5N$ 嗎？另外，$2N$ 與 $3N$ 的積會是 $6N$ 嗎？

●研究問題 2-X2（逆矩陣的定義）

第 2 章中，我們定義 $A$ 的逆矩陣為滿足以下等式的 $X$。

$$AX = I$$

若這樣的 $X$ 存在，試證明以下等式成立。

$$XA = I$$

另外，設矩陣 $Y$ 滿足以下等式。

$$YA = I$$

試證明以下等式必成立。

$$X = Y$$

●研究問題 2-X3（逆矩陣的存在）

第 2 章中我們有試著求出矩陣 $\begin{pmatrix} a & b \\ c & d \end{pmatrix}$ 的逆矩陣（p.80）。
當 $ad - bc \neq 0$ 時，以下等式成立。

$$\begin{pmatrix} a & b \\ c & d \end{pmatrix}^{-1} = \frac{1}{ad - bc} \begin{pmatrix} d & -b \\ -c & a \end{pmatrix}$$

試證明，當 $ad - bc = 0$ 時，$\begin{pmatrix} a & b \\ c & d \end{pmatrix}$ 的逆矩陣不存在。

●研究問題 2-X4（逆矩陣的唯一性）

設 $ad - bc \neq 0$。試證明 $\begin{pmatrix} a & b \\ c & d \end{pmatrix}$ 只有唯一的逆矩陣如下。

$$\frac{1}{ad - bc} \begin{pmatrix} d & -b \\ -c & a \end{pmatrix}$$

●研究問題 2-X5（同餘式）

若「整數 $m$ 除以 6 的餘數」和「整數 $n$ 除以 6 的餘數」相等，則可用以下方式表示。

$$m \equiv n \pmod 6$$

餘數不相等時，則可用以下方式表示。

$$m \not\equiv n \pmod 6$$

試問，是否存在整數 $a$ 與 $b$ 的數對，使得

$$\begin{aligned} & a && \not\equiv && 0 \pmod 6 \\ \text{且} \quad & b && \not\equiv && 0 \pmod 6 \\ \text{且} \quad & ab && \equiv && 0 \pmod 6 \end{aligned}$$

另外，如果看的不是除以 6 的餘數，而是除以 7 的餘數，答案又是如何？

●研究問題 2-X6（積的定義）

第 2 章中，「我」說「兩個矩陣相乘時，需將左側矩陣的元素分成一列，以橫向看過去；並將右側矩陣的元素分成一行，以縱向看過去。接下來，再將各個元素以『相乘、相乘、相加』的形式計算」（p.44）。如果兩個矩陣相乘時，都先將兩矩陣縱向分成一行行後，再彼此相乘；或者都先將兩矩陣橫向分成一列列後，再彼此相乘，那該如何計算呢？另外，如果位於左方的矩陣是縱向分成一行行，位於右方的矩陣是橫向分成一列列的話，又該如何計算呢？請自由思考看看。

●研究問題 2-X7（數值乘積的推廣）

第 2 章「從數值乘積推廣到矩陣乘積的話題」（p.82）中，我們提到了 $x$ 與 $y$ 兩個錢包的例子。想想看，若是多一個 $z$ 錢包，要如何描述同一件事？請將其一般化，思考錢包有 $m$ 個、硬幣有 $k$ 種時的情況。

# 第3章　創造出 $i$

●研究問題 3-X1（平方後會得到 $-I$ 的矩陣）

第3章中，蒂蒂和「我」一起求出了與虛數單位 $i$ 類似的矩陣如下。

$$\begin{pmatrix} a & b \\ -\frac{a^2+1}{b} & -a \end{pmatrix}$$

米爾迦將 $a=0$、$b=-1$ 代入這個矩陣驗算。如果我們改代入 $a=0$、$b=1$，會得到以下這個矩陣。

$$\begin{pmatrix} 0 & 1 \\ -1 & 0 \end{pmatrix}$$

這個矩陣有什麼性質呢？

歸根究柢

$$\begin{pmatrix} a & b \\ -\frac{a^2+1}{b} & -a \end{pmatrix}$$

這樣的矩陣究竟有什麼樣的性質呢？請自由思考看看。

●研究問題 3-X2（鄰接矩陣）

第 3 章中，蒂蒂很在意矩陣究竟可以代表什麼。這裡就讓我們來看看圖論中的**鄰接矩陣**（adjacency matrix）吧。鄰接矩陣中的元素 $jk$，可表示圖的頂點 $j$ 到頂點 $k$ 的路徑數目。若一個圖上有①、②、③三個頂點，各頂點之間以邊相連，如下所示。

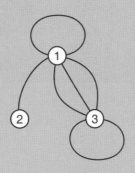

這個圖的鄰接矩陣 $A$ 為

$$A = \begin{pmatrix} a_{11} & a_{12} & a_{13} \\ a_{21} & a_{22} & a_{23} \\ a_{31} & a_{32} & a_{33} \end{pmatrix} = \begin{pmatrix} 2 & 1 & 3 \\ 1 & 0 & 0 \\ 3 & 0 & 2 \end{pmatrix}$$

譬如說，$a_{13} = 3$ 表示頂點 1 到頂點 3 的路徑數為 3、$a_{33} = 2$ 表示頂點 3 到頂點 3 自己的路徑數為 2。那麼，矩陣 $A^2$ 表示什麼呢？一般化的 $A^n$ 又表示什麼呢？另外，如果一個圖的鄰接矩陣與單位矩陣相同，那麼這個圖會是什麼樣子呢？請自由思考看看鄰接矩陣的和、積、逆矩陣的意義。

●研究問題 3-X3（結合律）

第 3 章我們提到了矩陣乘法的結合律。三個矩陣 *ABC* 相乘時，有兩種相乘方式，分別是

$$A(BC), \quad (AB)C$$

四個矩陣 *ABCD* 相乘時，有以下五種相乘方式。

$$A(B(CD)), \quad A((BC)D), \quad (AB)(CD), \quad (A(BC))D, \quad ((AB)C)D$$

那麼，五個矩陣 *ABCDE* 相乘時，共有幾種相乘方式呢？

●研究問題 3-X4（將矩陣切成數組）

設 $n \times n$ 矩陣中的零矩陣為 $O_n$、單位矩陣為 $I_n$。將一個 $2 \times 2$ 矩陣視為一組，那麼一個 $4 \times 4$ 矩陣可視為四組 $2 \times 2$ 矩陣組合而成，如下所示。

$$A_4 = \begin{pmatrix} a_{11} & a_{12} & a_{13} & a_{14} \\ a_{21} & a_{22} & a_{23} & a_{24} \\ a_{31} & a_{32} & a_{33} & a_{34} \\ a_{41} & a_{42} & a_{43} & a_{44} \end{pmatrix}$$

$$= \begin{pmatrix} A_{11} & A_{12} \\ A_{21} & A_{22} \end{pmatrix}$$

$$O_4 = \begin{pmatrix} 0 & 0 & 0 & 0 \\ 0 & 0 & 0 & 0 \\ 0 & 0 & 0 & 0 \\ 0 & 0 & 0 & 0 \end{pmatrix}$$

$$= \begin{pmatrix} O_2 & O_2 \\ O_2 & O_2 \end{pmatrix}$$

$$I_4 = \begin{pmatrix} 1 & 0 & 0 & 0 \\ 0 & 1 & 0 & 0 \\ 0 & 0 & 1 & 0 \\ 0 & 0 & 0 & 1 \end{pmatrix}$$

$$= \begin{pmatrix} I_2 & O_2 \\ O_2 & I_2 \end{pmatrix}$$

此時，以下 $4 \times 4$ 矩陣的乘積，可以用 $2 \times 2$ 矩陣來表示嗎？

$$\begin{pmatrix} A_2 & B_2 \\ C_2 & D_2 \end{pmatrix} \begin{pmatrix} W_2 & X_2 \\ Y_2 & Z_2 \end{pmatrix}$$

●研究問題 3-X5（$n \times n$ 矩陣中的分配律與結合律）

試著用與問題 3-2、3-3 之另解相同的思路，證明 $n \times n$ 矩陣的分配律與結合律。

●研究問題 3-X6（線性獨立）

設 $I$ 為單位矩陣、$J$ 為元素皆為實數的矩陣（實矩陣），且

$$J^2 = -I$$

試證明，對於任意實數 $p, q$，以下規則成立*。

$$\text{且} \quad pI + qJ = O \iff p = 0 \;\text{且}\; q = 0$$

要注意的是，這裡的 $I$、$J$ 就算不是 $2 \times 2$ 矩陣也會成立。

---

* 參考《數學女孩：伽羅瓦理論》〈第 6 章　支撐天空的東西〉（世茂出版）。

# 第 4 章　星空的變換

●研究問題 4-X1（大小不變的線性變換）

第 4 章中，蒂蒂把不會改變形狀和大小的線性變換想成是某種『具體的東西』（p.161）。除了旋轉矩陣所表示的變換，有沒有其他不會改變形狀與大小的線性變換呢？另外，矩陣的元素要滿足什麼樣的條件，該矩陣的變換才是不改變形狀與大小的線性變換呢？

●研究問題 4-X2（線性變換與曲線）

座標平面上的曲線在矩陣的變換下會怎麼變化呢？請用你所知道的曲線，譬如圓、拋物線、雙曲線等做為例子想想看。

●研究問題 4-X3（總和與線性）

第 4 章中，蒂蒂和「我」聊到 $aI$ 這種矩陣（p.151）。這種矩陣可分為 $a > 1$、$a = 1$、$0 < a < 1$、$a = 0$ 四種情況討論。請想想看，$a < 0$ 時會是什麼樣子。

●研究問題 4-X4（總和與線性）

第 4 章中，我們討論了微分、積分、期望值、矩陣變換等各種數學上的線性。請想想看總和（$\Sigma$）運算的情形。

$$\sum_{k=1}^{n} (aa_k + bb_k) = a \sum_{k=1}^{n} a_k + b \sum_{k=1}^{n} b_k$$

另外也可以想想看極限（lim）、向量內積（·）的線性。

●研究問題 4-X5（虛數單位 $i$ 及其相似物）

第 3 章中，蒂蒂和「我」求出了虛數單位 $i$ 的相似物如下（p.119）。

$$\begin{pmatrix} a & b \\ -\frac{a^2+1}{b} & -a \end{pmatrix}$$

當 $a = 0$、$b = -1$ 時，這個矩陣的變換可讓圖形旋轉 $\frac{\pi}{2}$。那麼，當 $a = 1$、$b = 1$ 時，這個矩陣又會表示什麼樣的變換呢？座標平面上的座標格又會有什麼變化？請畫成圖想想看。

# 第 5 章　行列式可決定的東西

●研究問題 5-X1（積的行列式、行列式的積）

試證明，對於任意 $2 \times 2$ 矩陣 $A, B$，下式必成立。

$$|AB| = |A||B|$$

●研究問題 5-X2（積的行列式為 1 的矩陣）

滿足以下等式的 $2 \times 2$ 矩陣 $A$ 與 $B$，兩者的線性變換會有什麼樣的關係？

$$|AB| = 1$$

●研究問題 5-X3（和零很像的矩陣）

第 5 章中，由梨說「和零很像的矩陣」有「零矩陣、零因子、行列式為 0 的矩陣」三種（p.220）。請試著整理這三種矩陣的關係。譬如說，行列式為 0 的矩陣是否一定是零矩陣？或者是否一定是零因子？

●研究問題 5-X4（行列式為 1 的線性變換）

第 4 章與第 5 章中，我們列出了各種矩陣的線性變換。
設 $r$ 為實數，試說明

$$\begin{pmatrix} 1 & r \\ 0 & 1 \end{pmatrix}$$

這樣的矩陣代表什麼樣的線性變換。

另外，$\begin{vmatrix} 1 & r \\ 0 & 1 \end{vmatrix} = 1$。若將其一般化，試回答滿足

$$\begin{vmatrix} a & b \\ c & d \end{vmatrix} = 1$$

的矩陣 $\begin{pmatrix} a & b \\ c & d \end{pmatrix}$ 代表什麼樣的線性變換？

---

●研究問題 5-X5（行列式與內積）

矩陣 $\begin{pmatrix} a & b \\ c & d \end{pmatrix}$ 的行列式可寫為

$$ad - bc$$

而兩個矩陣 $\begin{pmatrix} a \\ c \end{pmatrix} \begin{pmatrix} b \\ d \end{pmatrix}$ 的內積可寫為

$$ab + cd$$

請自由思考 $ad - bc$ 與 $ab + cd$ 兩式間的關係。我們要如
何用向量的內積來表示矩陣的行列式為 0？

●研究問題 5-X6（矩陣與數的相似之處）

讓我們研究看看 $\begin{pmatrix} a & 0 \\ 0 & 0 \end{pmatrix}$ 這種矩陣有什麼性質吧。算算看 $\begin{pmatrix} a & 0 \\ 0 & 0 \end{pmatrix}$ 和 $\begin{pmatrix} b & 0 \\ 0 & 0 \end{pmatrix}$ 這兩個矩陣的和、差、積，以及逆矩陣，想想看它們和數 $a$ 與數 $b$ 有哪些相似處與相異處。

如果是 $\begin{pmatrix} a & 0 \\ 0 & 1 \end{pmatrix}$ 和 $\begin{pmatrix} b & 0 \\ 0 & 1 \end{pmatrix}$ 這兩個矩陣，答案又是什麼？

●研究問題 5-X7（直線方程式）

第 5 章的正文中提到，$\begin{pmatrix} 2 & 2 \\ 1 & 1 \end{pmatrix}$ 可將座標平面變換成一條直線（p.201），試求這個直線的方程式。再來，請試著將其一般化。設有一 $2 \times 2$ 矩陣 $\begin{pmatrix} a & b \\ c & d \end{pmatrix}$，當 $\begin{vmatrix} a & b \\ c & d \end{vmatrix} = 0$ 且 $\begin{pmatrix} a & b \\ c & d \end{pmatrix} \neq O$，這個矩陣會將座標平面轉換成什麼樣子呢？請求出轉換後的直線方程式。

●研究問題 5-X8（矩陣的乘冪）

設 $A = \begin{pmatrix} 2 & -1 \\ 3 & -1 \end{pmatrix}$，試求

$$A^5 + A^4 + A^3 + A^2 + A + I$$

另外，設 $n$ 為正整數，試求

$$A^n$$

●研究問題 5-X9（聯立方程式與矩陣）

第 5 章正文中，由梨試著用半心算的方式算出聯立方程
式的答案（p.212）。以下列出了有 $x$、$y$ 兩個未知數之聯
立方程式的解題步驟，並將其改以 2×2 的矩陣表示。請
試著詳細說明每個步驟。另外，請用同樣的方式，將有
$x$、$y$、$z$ 三個未知數之聯立方程式的解題步驟寫出來，並
以 3×3 的矩陣表示。

$$\begin{cases} x + \phantom{4}y = \phantom{1}5 \\ 2x + 4y = 16 \end{cases} \qquad \begin{pmatrix} 1 & 1 \\ 2 & 4 \end{pmatrix}\begin{pmatrix} x \\ y \end{pmatrix} = \begin{pmatrix} 5 \\ 16 \end{pmatrix}$$

$$\downarrow \qquad\qquad\qquad \downarrow$$

$$\begin{cases} 4x + 4y = 20 \\ 2x + 4y = 16 \end{cases} \qquad \begin{pmatrix} 4 & 4 \\ 2 & 4 \end{pmatrix}\begin{pmatrix} x \\ y \end{pmatrix} = \begin{pmatrix} 20 \\ 16 \end{pmatrix}$$

$$\downarrow \qquad\qquad\qquad \downarrow$$

$$\begin{cases} 2x \phantom{+4y} = \phantom{1}4 \\ 2x + 4y = 16 \end{cases} \qquad \begin{pmatrix} 2 & 0 \\ 2 & 4 \end{pmatrix}\begin{pmatrix} x \\ y \end{pmatrix} = \begin{pmatrix} 4 \\ 16 \end{pmatrix}$$

$$\downarrow \qquad\qquad\qquad \downarrow$$

$$\begin{cases} x \phantom{+4y} = \phantom{1}2 \\ 2x + 4y = 16 \end{cases} \qquad \begin{pmatrix} 1 & 0 \\ 2 & 4 \end{pmatrix}\begin{pmatrix} x \\ y \end{pmatrix} = \begin{pmatrix} 2 \\ 16 \end{pmatrix}$$

$$\downarrow \qquad\qquad\qquad \downarrow$$

$$\begin{cases} x \phantom{+2y} = 2 \\ x + 2y = 8 \end{cases} \qquad \begin{pmatrix} 1 & 0 \\ 1 & 2 \end{pmatrix}\begin{pmatrix} x \\ y \end{pmatrix} = \begin{pmatrix} 2 \\ 8 \end{pmatrix}$$

$$\downarrow \qquad\qquad\qquad \downarrow$$

$$\begin{cases} x \phantom{+2y} = 2 \\ \phantom{x+}2y = 6 \end{cases} \qquad \begin{pmatrix} 1 & 0 \\ 0 & 2 \end{pmatrix}\begin{pmatrix} x \\ y \end{pmatrix} = \begin{pmatrix} 2 \\ 6 \end{pmatrix}$$

$$\downarrow \qquad\qquad\qquad \downarrow$$

$$\begin{cases} x \phantom{+y} = 2 \\ \phantom{x+}y = 3 \end{cases} \qquad \begin{pmatrix} 1 & 0 \\ 0 & 1 \end{pmatrix}\begin{pmatrix} x \\ y \end{pmatrix} = \begin{pmatrix} 2 \\ 3 \end{pmatrix}$$

# 後記

您好，我是結城浩。

感謝您閱讀《數學女孩秘密筆記：矩陣篇》。

本書以 2×2 矩陣為題材，介紹了零矩陣、單位矩陣、矩陣運算、行列式、零因子，以及線性變換（一次變換）等主題。女孩們在數學雜談中談論到的矩陣話題，是否讓您對矩陣開始有興趣了呢？

日本某些時期的高中有教矩陣，某些時期的高中沒教。不過，既然矩陣廣泛應用在我們的日常，那麼學習矩陣當然就是件重要的事。希望本書能讓您更親近矩陣。

本書是將ケイクス（cakes）網站上，《數學女孩秘密筆記》第 111 回至第 120 回的連載重新編輯後的作品。如果您讀過本書後，想知道更多《數學女孩秘密筆記》的內容，請一定要來這個網站看看。

《數學女孩秘密筆記》系列中，以平易近人的數學為題材，描述國中生由梨，以及高中生蒂蒂、米爾迦、「我」，四人間盡情談論數學的故事。這次又多了新登場的電腦少女麗莎。

這些角色亦活躍於另一個系列作——《數學女孩》。這系列的作品是以更廣、更深的數學為題材寫成的青春校園物語，也推薦您拿起這系列的書讀讀看！

《數學女孩》與《數學女孩秘密筆記》兩系列作品都請您多多支持喔！

日文原書使用 LATEX2ε 及 Euler 字型（AMS Euler）排版。排版過程中參考了由奧村晴彥老師寫作的《LATEX2ε 美文書作成入門》，書中的作圖則使用了 OmniGraffle、TikZ、TEX2ing 軟體完成。在此表示感謝。

感謝下列名單中的各位，以及許多不願具名的人們，在寫作本書時幫忙檢查原稿，並提供了寶貴意見。當然，本書內容若有錯誤皆為筆者之疏失，並非他們的責任。

青木健一、安福智明、安部哲哉、荒武永史、
井川悠佑、石井遙、石宇哲也、稻葉一浩、
上原隆平、植松彌公、大久保快爽、
岡內孝介、鏡弘道、木村巖、
Toarukemisuto、中吉實優、
類太郎（@ reviewer_amzn_m）、藤田博司、
古屋映實、梵天寬鬆（medaka-college）、
前原正英、增田菜美、松浦篤史、松森至宏、
三宅喜義、村井建、森木達也、山田泰樹、
米內貴志、渡邊佳。

感謝一直以來負責《數學女孩秘密筆記》與《數學女孩》兩個系列之編輯工作的 SB Creative 野澤喜美男總編輯。

感謝 cakes 的加藤貞顯先生。

感謝所有在寫作本書時支持我的人。

感謝我最愛的妻子和兩個兒子。

感謝您閱讀本書到最後。

那麼，我們在下一本《數學女孩秘密筆記》中再見吧！

結城浩

http://www.hyuki.com/girl/

# 索引

國家圖書館出版品預行編目（CIP）資料

數學女孩祕密筆記.矩陣篇／結城浩著；衛宮
紘譯. -- 初版. -- 新北市：世茂, 2020.04
　　面；　　公分. --（數學館；35）
　　ISBN 978-986-5408-19-0（平裝）

1.矩陣　2.通俗作品

313.33　　　　　　　　　　　　109001573

數學館 35

# 數學女孩祕密筆記：矩陣篇

作　　者／結城浩
審 訂 者／洪萬生
譯　　者／衛宮紘
主　　編／楊鈺儀
責任編輯／李芸
封面設計／LEE
出 版 者／世茂出版有限公司
地　　址／（231）新北市新店區民生路 19 號 5 樓
電　　話／（02）2218-3277
傳　　真／（02）2218-3239（訂書專線）・（02）2218-7539
劃撥帳號／19911841
戶　　名／世茂出版有限公司
世茂網站／www.coolbooks.com.tw
排版製版／辰皓國際出版製作有限公司
印　　刷／世和彩色印刷股份有限公司
初版一刷／2020 年 4 月
　 二刷／2023 年 8 月

ＩＳＢＮ／978-986-5408-19-0
定　　價／380 元